Qt 平台体系与应用

——Qt 5.5＋核心方法、技巧与案例

徐 野 赵星宇 黄海新 著

配套资料(程序源代码)

北京航空航天大学出版社

内 容 简 介

本书重点介绍了基于 Qt 开发体系结构中面向底层和顶层程序设计的项目研究结果,以一套集成软件层、硬件层、网络层、跨语言层和虚拟服务与虚拟设备层等完整应用程序的开发为例,对 Qt 平台的相关原理、方法与技巧进行说明。在底层方面,主要研究了 Qt 在桌面系统底层驱动程序开发的模块结构与特点,并以我国二代身份证读卡器及 SIM 卡读/写卡器为对象,给出系统设计、代码与实例。在顶层方面,重点研究了当前跨平台、跨语言、跨代码的远程程序通信协议,重点讲解了基于 C++ 的 Qt 应用与基于 Java 语言的 Web 应用,其通过第三方远程通信协议进行跨语言级的函数调用,尤其重点介绍了允许二进制通信的 Hessian 远程通信协议,并给出了相应的解析实例。此外本书还介绍了 Qt 主要的高级功能模块,包括界面设计、Web 网站文件的上传与下载、应用实例检测、外部动态链接库调用、系统托盘管理、网络连接状态的查看、外部进程的执行、进程间通过 Windows 消息通信、INI 与 JSON 格式文件的读/写、程序打包与发布等课题。

本书所有代码均基于 Qt 5.5.1 平台,可供该领域的程序设计人员、工程开发与研究人员参考,也可供自然科学和工程技术领域中的相关人员参考。

图书在版编目(CIP)数据

Qt 平台体系与应用 : Qt 5.5+核心方法、技巧与案例/
徐野,赵星宇,黄海新著. -- 北京 : 北京航空航天大学
出版社,2017.5

ISBN 978 - 7 - 5124 - 2357 - 2

Ⅰ. ①Q… Ⅱ. ①徐… ②赵… ③黄… Ⅲ. ①软件工
具—程序设计 Ⅳ. ①TP311.561

中国版本图书馆 CIP 数据核字(2017)第 046040 号

Qt 平台体系与应用——Qt 5.5+核心方法、技巧与案例

徐 野 赵星宇 黄海新 著

责任编辑 孙兴芳

*

北京航空航天大学出版社出版发行

北京市海淀区学院路 37 号(邮编 100191) http://www.buaapress.com.cn
发行部电话:(010)82317024 传真:(010)82328026
读者信箱:goodtextbook@126.com 邮购电话:(010)82316936
北京兴华昌盛印刷有限公司印装 各地书店经销

*

开本:787×1 092 1/16 印张:11.75 字数:301 千字
2017 年 5 月第 1 版 2017 年 5 月第 1 次印刷 印数:3 000 册
ISBN 978 - 7 - 5124 - 2357 - 2 定价:29.00 元

前　言

作为可跨平台开发的 Qt，事实上是全体 C、C++ 程序员的福音。尤其是近几年 Qt 不断地推出跟踪市场前沿的新功能和新版本，更是体现了这门技术的可持续发展能力，在已经聚集大量拥趸者的基础上，又有大批的程序员加入其中。目前，基于 Qt 平台的工程应用与开发已经成为当前相关领域工程研究和技术开发的重要平台，成为技术热点。

随着当前桌面系统、嵌入式平台，尤其是移动平台功能和版本的不断变化，使得 Qt 不断调整系统结构，更新换代，导致使用 Qt 开发符合当代工程应用与技术开发标准或潮流的相关文档严重不足。从网络中搜索到的代码和相关教材多以旧版本为主，大部分体系结构、功能和代码都不能在 Qt 新平台中执行；即使有少许针对新平台和功能的书，也不能够满足国内相关领域的本科生、研究生、工程师及从业人员的需求。

此外，Qt 单纯地使用 C 语言进行程序开发已不再满足当代应用程序的需求。当代应用程序无不以网络化、分布式、交互性为特色，如果是单纯的 C 或 C++ 程序，而不与 Web 网站、JSP 代码、Java 代码或 PHP 代码进行沟通，则是没有发展前途的。为此，本书重点介绍了基于 C++ 的 Qt 应用与基于 Java 语言的 Web 应用，其通过第三方远程通信协议进行跨语言级的函数调用，当属 Qt 相关书籍领域的创新性尝试，目前国内相关书籍尚未见到。

本书重点介绍了基于 Qt 开发体系结构中面向底层和顶层程序设计的项目研究结果，以一套集成软件层、硬件层、网络层、跨语言层和虚拟服务与虚拟设备层等完整应用程序的开发为例，对 Qt 平台的相关原理、方法与技巧进行说明。在底层方面，主要研究了 Qt 在桌面系统底层驱动程序开发的模块结构与特点，并以我国二代身份证读卡器及 SIM 卡读/写卡器为对象，给出系统设计、代码与实例。在顶层方面，重点研究了当前跨平台、跨语言、跨代码的远程程序通信协议，重点讲解了基于 C++ 的 Qt 应用与基于 Java 语言的 Web 应用，其通过第三方远程通信协议进行跨语言级的函数调用，尤其重点介绍了允许二进制通信的 Hessian 远程通信协议，并给出了相应的解析实例。此外，本书还介绍了 Qt 主要的高级功能模块，包括界面设计、Web 网站文件的上传与下载、应用实例检测、外部动态链接库调用、系统托盘管理、网络连接状态的查看、外部进程的执行、进程间通过 Windows 消息通信、INI 与 JSON 格式文件的读/写、程序打包与发布等内容。

本书配套资料中有大约 200 MB 的源代码，分别针对书中提及的程序实例，这些代码可由读者扫描书中二维码下载获取，但这里有两个情况需要说明：一是时间比较紧，加上 Qt 编译环境多变，部分代码需要读者根据自己的计算机环境适当地修改调试参数以完成编译；二是本书提供的第三方动态链接库、工具程序等的版权均归属其所有人所有，本书提供这些资源仅用于教学目的，读者可以在自行编写的实验程序中使用这些资源，但如果用于商业用途，请向这些资源的版权归属人取得许可，本书作者不承担相关责任。

感谢项目组所有成员，在他们的帮助和配合下，项目才得以顺利地完成，才有本书的出现；

感谢北京航空航天大学出版社的甄真编辑,没有她的积极沟通和争取,本书无法立项成稿;感谢国家自然科学基金面上项目(61373159)、辽宁省高等学校优秀人才支持计划(LJQ2015095)、辽宁省自然科学基金项目(201003676)、沈阳市重点实验室项目、沈阳市科技应用基础研究计划项目(F13 316 122)等资金的资助。

　　Qt 平台博大精深,内容丰富多彩,许多问题的解决方案尚无公论;加之作者水平有限,书中难免出现不妥之处,恳请广大读者批评指正。

作　者
2017 年 1 月

配套资料(程序源代码)

　　本书所有程序的源代码均可通过 QQ 浏览器扫描二维码免费下载。读者也可以通过以下网址下载全部资料:http://www.buaapress.com.cn/upload/download/20170324qt.rar。

　　配套资料下载或与本书相关的其他问题,请咨询北京航空航天大学出版社理工图书分社,电话(010)82317036。

目　　录

第 **1** 章

引　言

1.1　Qt 框架的特色

Qt 是一个跨平台的应用程序框架,它使用 C/C++语言,为用户提供可视化编程接口。如果读者使用过 Visual Studio 或 Delphi 等系列软件,则会发现 Qt 开发模式与之相差不多。相比之下 ,Qt 具有 3 个特点:一是跨平台;二是艺术级图形界面设计;三是抽象化核心模块设计。

1.1.1　跨平台

自 Java 推出跨平台开发语言以来,迅速风靡世界,直至今日仍历久弥新。这主要有两方面原因:一方面自然是由于 Java 语言的自身魅力,另一方面则不得不提到它的跨平台特性。

编写一次代码就可以运行在不同的平台上,比如 Windows、Linux、Mac OS,甚至是安卓手机、苹果手机上,是绝大多数程序设计人员无法拒绝的美事。然而,跨平台程序设计语言 Java 出现后的很长一段时间里,C/C++都没有提出可以与之媲美的产品。在 C/C++跨平台程序框架和平台设计领域,到目前为止仅有为数不多的产品可供选择,一个是近年微软推出的 Visual Studio 2015,其跨平台程序开发性能仍需时间检验,另一个成熟产品就是本书的核心内容——Qt 平台。

> **随笔漫谈——关于跨平台框架需要了解的事情**
>
> 　　严格说来,虽然 Java 在跨平台框架中名声比 Qt 大,但从实现技术角度来讲,它比 Qt 框架更简单。Java 把针对不同平台与操作系统的跨平台核心代码抽象出来,形成单独的 JVM 层,也就是大家熟知的 Java 虚拟机。Java 代码运行在 JVM 中,把跨平台 Java 语言框架设计问题分解成为在不同平台上设计 JVM 的问题,结构简单、逻辑清晰、易于实现。Java 语言设计本身不受平台的任何限制,可集中精力设计出受人欢迎的程序设计语言。只要针对不同大类的平台开发相应的 JVM,代码就可以实现跨平台运行。
>
> 　　当然,Java 为此也付出了运行效率方面的代价。因为一般程序直接通过操作系统由 CPU 执行,而 Java 程序需要先通过 JVM 再映射到操作系统中,最后由 CPU 执行,执行过程增加了一步。早期由于 Java 语言主要使用解释性编译器,从而导致运行效率进一步降低。但是随着即时编译技术(JIT)的推出,尤其是硬件计算速度的大幅提升,Java 运行效率问题早已不是被关注的主题。
>
> 　　Qt 平台并没有使用类似 JVM 的明确抽象层,因此在框架开发过程中处理各种平台问题的复杂性要远远超过 Java。

随笔漫谈——硬件不仅改变世界，还拯救了世界

硬件技术飞速发展自然消解了很多早期存在的严重的设计隐患，如上面提到的 Java 语言的执行效率问题；又如千年虫问题，现代程序员绝不会为节省 1B 的主存储空间而只用 2 位十进制数来表示年份（当它达到表示 1999 年的最大值 99 时，再增加 1 则变成了表示 1900 年的 00）。可以说，硬件改变了世界。

硬件技术的发展不仅改变了世界，还拯救了世界。笔者不是夸张，假如没有硬件技术的创新，就没有今天已经融入社会生活的互联网。

了解计算机网络的读者都知道，在网络链路层使用了一种带碰撞检测通知的链路协议，它被 IEEE 形成技术标准并推广执行，是当代计算机网络（包括互联网）通用技术。实际上，笔者认为，这是一项存在严重设计问题的技术标准。

带碰撞检测通知的链路协议本质上是在局部网络范围内，任何节点都可以随时发送信息，但线路只有一条，如果某一节点在发送信息时别的节点也发送了信息，则两者产生碰撞，由于数据都只是导线中的电波，自然产生叠加，数据就会失效。检测到碰撞后，该节点放弃发送信息，随机等待一段时间后再次发送，如果运气好没有别的节点使用这个链路，则数据发送成功；否则碰撞后再等待一段随机时间，然后再次发送。为什么随机等待一段时间呢？如果两个节点等待相同的时间，那么必然会再次产生碰撞。随机等待的目的就是降低碰撞的概率，注意是降低而不是避免，本质上还是碰运气。

协议的基本原理可以这样直接描述，但不知是为了掩盖协议缺陷，还是为了增加算法的神秘性，实际教科书中的描述却更加晦涩难懂。这里做一个类比假设，在一个虚拟世界里，每个人都可以随时出门，但如果在路上撞到了另一个人，那么两个人出门失败，都要重回家中。等待随机一段时间后再出门，如果运气好没撞到人，就可以到达目的地，否则再重复。

虽然链路协议存在设计缺陷，但其却成为了事实标准。在早年没有大局域网、城域网和互联网时，它可以执行正确的功能。但当时就有计算机网络方面的专家，不乏领域知名专家纷纷提出，如果未来网络通信量持续增大，则网络必将瘫痪。

以今天互联网的通信量来看，使用带碰撞检测的链路协议，根据上述推理，确实不可能出现。但是，为什么我们享受到了越来越好的网络服务呢？这是因为有两个硬件技术的革命，从而使其成为现实。

一是交换机技术。按照链路协议，两个节点发送的信息在链路中产生碰撞均会失效，此时交换机技术为每对节点通信都提供了专门的链路，也就是说，任何源节点要发送数据到目标节点，它们之间都会通过交换机建立一条两者专属的物理链路，没其他节点干扰。这样任何节点之间的数据交换都不会发生碰撞，从而使得传输效率大大提高。

这里请注意，为任意两节点建立物理链路不是一件容易的事，在图论中这属于图中节点的全连通问题，当节点规模增大时，复杂性将成指数级递增。这也是为什么在市场上没有几千口、几百口交换机，大多是 48 口、24 口交换机的原因。

二是光纤技术。光纤技术大大增强了网络带宽，使得网络调整通信得以全面实现。实际上，互联网如今能得到如此广泛的发展与应用，光纤技术功在第一。如果现代互联网的性能与技术稍改善一下，面向低速高错网络的 TCP/IP 协议针对高速低错光纤网络进

行微调,则可能会是潜在的研究课题(实际上,已经有人研究精简 TCP/IP 协议,但未得到广泛应用)。

早年 Qt 以 Linux 桌面开发为主,后为诺基亚手机程序设计提供主要支持。几经变革后,Qt 现在支持所有的主流操作平台,包括 Windows、UNIX/X11(包括 Linux、Solaris 等)、Mac OS、嵌入式平台、主流手机平台(包括安卓、iOS、Symbian/S60 等)。

Qt 为基于各种平台开发程序提供了完整的集成开发环境,包括项目生成与管理、C++编译器、可视化开发接口、集成的上下文帮助系统、可视化调试以及完整的示例系统 Qt 助手(Assistant)。用户可集中精力进行业务逻辑设计,无需借助任何外部软件就可以进行应用程序的开发、管理与维护。

Qt 软件分为开源版本和商业版本,开源版本与商业版本功能相同。在 GPL 通用公共许可证下,Qt 软件可以免费获取使用。

1.1.2　艺术级图形界面设计

苹果手机和 iOS 的成功,以及现代 Web 网页前端设计的迅速发展,让人们重新意识到用户界面的重要性。Qt 也认识到,传统可视化界面和语言所生成的前端界面,已经远远不能满足手机平台开发的需求。

传统跨平台程序开发框架都会面临这样的问题,也都或多或少地进行了改进,但其中 Qt 无疑是花费精力较多的。Qt 为艺术级界面设计推出了一种新的语言和框架——Qt Quick。

为用户提供不熟悉的环境或语言是一项冒险的举动,如有差错会丢失用户使用粘度,更甚者会使用户弃用。Qt 此举也存在巨大风险,但 Qt Quick 确实为界面设计人员提供了一个不会束缚其创造力和想象力的平台。现在为 Qt Quick 给出定论还为时尚早,它仍需要时间和市场考验,让我们期待它的表现。

1.1.3　抽象化核心模块设计

跨平台程序设计的难点在于兼容不同平台的进程调度、消息管理和文件处理等操作系统内核模块。按常规理解,如果开发一个跨平台程序设计框架,则需要抽象出所有支撑平台核心模块的原理和特色,然后针对每个所提供的功能 API 分别实现,工作量大增。Qt 就采用了这种方式,为不同用户针对不同平台的开发提供了所对应的程序包,而且 Qt 针对核心模块进行了令人赞叹的简易化抽象处理,以较小代价兼容所有平台。

以消息管理为例,Windows 消息管理大致分为事件函数产生消息、消息传输到目标事件函数、目标函数处理消息 3 个步骤。但 Qt 处理消息管理采用了信号/槽机制,将传统的 3 步操作缩减到 2 步,通过 connect 函数将事件产生函数(信号)直接连接到目标事件处理函数(槽)。事件处理简单有效,易于实现兼容各种版本的操作系统。

1.1.4　环境准备

如前所述,Qt 针对不同平台提供了不同的开发包,下载时需要注意区分。下载 Qt 的地址是 http://www.qt.io/download/。进入网站后,如果要免费使用 Qt,则之后一般选择 Open source distribution under a LGPL or GPL license,表示符合 LGPL 和 GPL 开源协议,也就是说,之后使用 Qt 开发的程序也保持开源供大家使用。然后都单击 Yes 按钮保证遵守代码开源协议,最后进入下载界面,如图 1.1 所示。

图 1.1   Qt 下载界面

首先网站会自动检测操作系统环境,然后推荐下载,单击 Download Now 按钮即可直接下载。如果有特殊选择,例如想安装支持其他平台和操作系统的 Qt 程序,则在 Offline Installers 中可以看到供下载的支持不同平台的各种版本程序,如图 1.2 所示。

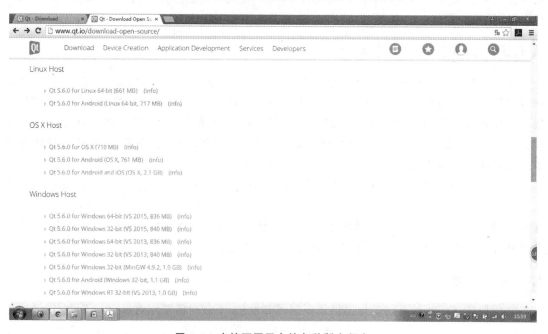

图 1.2   支持不同平台的各种版本程序

Windows 平台下 Qt 可以使用 VS 2015、VS 2013 和 MinGW 编译器对 C/C++代码进行编译,用户可以根据操作系统是 64 位还是 32 位来选择要下载的程序包。如果下载的是“Qt 5.6.0 for Windows 64 – bit(VS 2015,836 MB)”,则需要在系统上安装 VS 2015;如果安装的是“Qt 5.6.0 for Windows 32 – bit(MinGW 4.9.2,1.0 GB)”,则不需要单独安装MinGW 软件包,因为 Qt 安装软件已经提供了 MinGW 软件包。

如果要在 OS X 平台上开发安卓程序,则需要下载“Qt 5.6.0 for Android(OS X,761 MB)”程序(尽管有点奇怪);如果要在 Linux 平台开发程序,则需要下载“Qt 5.6.0 for Linux 64 bit(661 MB)”程序。

笔者之前开发程序时使用的是 Qt 5.5.1,如果想要下载该版本的程序,则在页面中找到“Source packages & Other releases”中的链接“Qt 5.5 and all older versions of Qt are available in the archive.”,然后单击进入该链接后就可以看到 Qt 5.5.1 版本,下载即可,同样可从文件名看到软件适用的平台和系统。笔者使用的是“qt – opensource – windows – x86 – mingw492 – 5.5.1.exe”。

安装后执行菜单中的 Qt Creator,就可以看到如图 1.3 所示的界面。

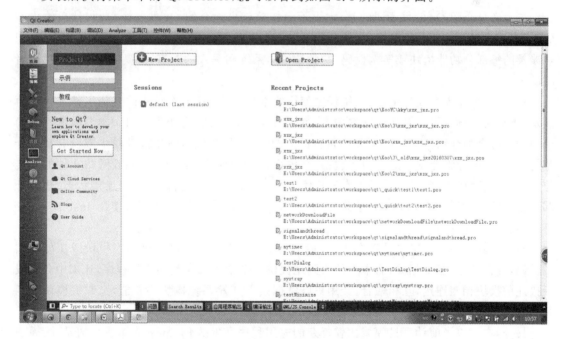

图 1.3　Qt 程序界面接口

至此,程序开发环境准备完毕。

提示　读者阅读此书时相关网页可能有所变动,可参考网站实际内容进行操作。

1.2　本书的特色

书店里关于 Qt 的书籍不少,网络上专业论坛和博客关于 Qt 开发的方法和代码也很多,为什么要选择本书呢? 因为本书具有如下特色:

1.2.1　完整准确的参考

有一句谚语说,要把一粒沙子藏起来,就把它藏在沙滩里。笔者以前看过一本小说,说的是有一个人把保密的文件放到 Windows 系统目录里,只要文件不起特别奇怪的名字,除了自己,一般人都找不到这个保密的文件,因为相似的文件或信息太多了。

与此类似,目前网上关于 Qt 的相似信息太多了,大多时候想找到自己想要的内容并不是一件容易的事,尤其是随着当前桌面系统、嵌入式平台、移动平台功能和版本的不断变化,Qt 不断调整系统结构、更新换代,就更不是一件容易的事了。在网络上可以搜索到各种不同版本的功能代码,甚至有相当一部分面向旧版本的方法和代码,是不能用或错误的。

笔者并未夸大其词,以 Qt 程序引入第三方动态链接库 DLL 为例,网上有几十种方法,逐一试过但并未起作用,后来借助 Qt Assistant 才找到最终办法。

为避免使用新版本的程序员重走这条老路,本书尝试给出了符合功能需求的参考文献。

1.2.2　系统深入的说明

与大部分介绍 Qt 的书不同的是,本书不是按部就班地介绍 Qt 的各个模块,然后给出类似 hello world 这样简单的实例,而是立足于完整应用程序开发的全部流程,不求面面俱到,但对涉及的每部分功能模块或实例代码,均尝试给出系统和深入的解答,并提供实例代码供读者测试使用。

例如,在程序界面设计中,只介绍程序使用的常用组件,对于不常用的其他组件本书不再涉及,感兴趣的读者可参考任何一本关于 Qt 的参考书,均可获得相关资料。本书虽然不对简单问题进行全面介绍,但对 Qt 开发中常见的问题,尤其是其他材料中涉及较少或没有系统介绍的问题,将会详细介绍。这些内容包括:在界面设计中使用 css 样式、Web 网站文件的上传与下载、应用程序实例检测、外部动态链接库调用、系统托盘管理、查看网络连接状态、执行外部进程、进程间通过 Windows 消息通信、INI 与 JSON 格式文件的读/写、使用 Install Shield 打包与发布程序等。

本书与其他书的不同之处还在于,一般的有关 Qt 的书每章均给出相应模块或功能的实例代码,各自独立,互不相关;而本书从头到尾提供一个系统且完整的应用程序,让书中各阶段所描述的模块相互连接,互相融合;让用户既掌握独立开发系统模块的技能,又掌握模块间匹配和嵌入方面的方法,以利于实际系统项目的开发。

另外,本书以当前计算机领域比较复杂的应用程序开发为例,从系统体系结构设计、模块设计、层次划分、模块实现、模块间通信、模块匹配等各个环节进行详细说明。在程序底层方面,研究了 Qt 在桌面系统底层驱动程序开发的模块结构与特点,并以我国二代身份证读卡器设备和 SIM 卡读/写卡器设备为对象,给出 Qt 操作底层硬件的方法和技巧,并提供了代码解析结果与实例。在顶层应用研究与技术开发方面,以跨平台、跨语言、跨代码的远程程序通信为对象,分析了基于 C++的 Qt 应用与基于 Java 语言的 Web 应用,其通过第三方远程通信和函数调用的方法,特别重点介绍了允许二进制通信的 Hessian 远程通信协议,并给出了解析实例。

这些内容在其他 Qt 的相关书中是很鲜见的,也是本书的特色。

1.2.3 实例演示:远程传输与控制系统

本书以"远程传输与控制系统"为应用程序案例,对这个案例从无到有、从少到多、从功能规划到模块实现的各个环节,笔者与读者共同经历,并对系统开发所涉及的详细信息作切片式剖析。笔者希望把在程序开发过程中遇到的问题和精心获得的解决方案,一次性地呈现给读者,让读者在实际程序开发中避免走弯路,将精力集中于业务逻辑,快速获得成果。如果书中有些技巧和方法能给读者提供一些帮助与借鉴,那么编写本书的目的也就达到了。

远程传输与控制系统从功能上分为面向底层硬件部分和顶层通信部分;在模块类别上,系统又可分为软件层、硬件层、网络层、跨语言通信层、数据层等,最后通过 Install Shield 打包发布。

下面将对上述各功能模块进行详细介绍。

1.3 远程传输与控制系统的结构

1.3.1 总体结构

远程传输与控制系统是通过 Qt 程序,将本地硬件设备采集的身份证信息与 SIM 卡信息提交远端的程序,并控制远端程序对数据进行有效处理,完成最终业务需求。系统的主体结构如图 1.4 所示,系统整体划分为 6 个部分,分别是硬件层、软件层、网络层、跨语言通信层、数据层、远端控制层。

软件层和硬件层自然分隔,因为硬件层要操作身份证读卡器与 SIM 卡读/写卡器设备,因此它们的调用逻辑有别于软件层的内容。网络层和跨语言通信层原本都隶属于网络通信范畴,一般情况下,会把它们的功能合并在一个功能模块内。但在远程传输与控制系统内网络传输分成两部分,一部分是传统的 HTTP 和 FTP 通信,另一部分是通过跨语言 Hessian 协议调用远端 Java 服务。二者虽均属于网络通信功能模块,但实现技术与手段差别很大,因此在系统设计中将它们区分开。

数据层无需赘述。远端控制层严格说来是传统 C/S 结构中的服务器端程序,但又与其有差别:一是远端控制程序与传统服务器程序相比,在其功能与复杂性上进行了大幅削弱,已经弱化成为远程传输与控制系统本身的功能组件成员,绝大多数业务功能都在软件层、硬件层实现;二是传统 C/S 结构程序中客户机与服务器程序是通过 Socket 等协议直接连接的,而在远程传输与控制系统中,功能模块之间并不直接通信,它们主要通过数据层实现异步通信,数据层可被视为一个中转模块,一旦有新数据完成提交,即可激活控制层对数据进行业务处理。当然,模块间通信通过 Hessian 协议实现,而不是传统的 Socket 协议或 HTTP 协议。

1.3.2 软件层

软件层实现了远程传输与控制系统的大部分功能。

界面要求提供登录功能,登录界面要进行 css 样式处理。登录后用户登录信息要保存到系统配置文件中。

登录界面不能通过关闭窗口退出,只有正确登录后,程序的登录界面才可以最小化到托盘

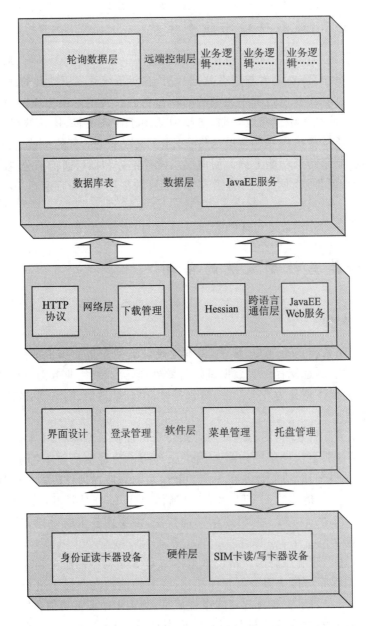

图 1.4　远程传输与控制系统体系结构图

中的形式关闭,以类似后台进程的方式执行。

　　用户对硬件操作的结果要实时地以消息形式显示在托盘程序图标中的消息框中,当用户需要时,单击即可重现消息。

　　右击托盘程序图标,在弹出的快捷菜单中包括硬件设备状态、业务状态、注销用户、退出程序等。只有选择菜单中的退出程序,系统才能正式退出。

　　用户登录之后系统将进入托盘(后台)执行状态,此时系统会启动一个 Timer(时钟),定期进行业务轮询,这些业务主要与硬件层业务逻辑和跨语言通信层业务逻辑相关。

　　在系统登录后的初始化阶段,有一个强制在线升级的功能模块。这个模块使用网络层服务从指定的网址读取升级程序版本,如果发现新程序,则会强制用户下载升级程序进行升级。程序升级前,系统将自动关闭自身进程。

具体内容详见后面相应章节。

1.3.3 硬件层

硬件层处理与身份证读卡器和 SIM 卡读/写卡器相关的业务逻辑。

硬件层的首要任务是与硬件设备建立关联,形成控制链。远程传输与控制系统采用动态链接库 DLL 建立关联。在 Windows 平台下,Qt 引用第三方动态链接库是一个比较令人迷惑的事情,我们可以看到各种说法、各种代码,每种都有理有据,但结果各不相同。远程传输与控制系统几乎尝试了能查到的所有方案,最终才实现硬件层关联。

硬件层的另一个重要任务是操作硬件设备。身份证读卡器设备相对比较简单,只要符合公安部关于身份证设备的标准指令集,就可以比较灵活地完成设备操作。SIM 卡读/写卡器比较复杂,其读/写规则要符合 ISO 7816 标准,该标准为其读/写操作指定了 APDU 指令集。

由于 SIM 卡设备种类比较多,APDU 指令集要予以全部覆盖,指令格式将会比较繁杂。此外,由于 SIM 卡芯片大多采取了平面目录格式,对智能卡芯片进行目录选择、文件选择、文件读取、数据写入等操作都比较复杂。最重要的是,APDU 指令集全部为二进制指令,因此掌握 APDU 指令集存在困难。

因此,本书对不常用指令进行了分类剔除,集中篇幅重点讲述了 SIM 卡芯片的读/写指令,相信读者可以快速将其掌握。笔者希望读者通过学习这些指令能够有助于对 APDU 其他指令集的理解,开发出更多高效多能的软件、硬件系统。

1.3.4 网络层

远程传输与控制系统强制在线升级主要通过网络层服务实现。

网络层先通过 HTTP 协议在指定网址读取升级程序版本号,如果发现新版本,则下载相应的升级程序。升级程序是 Install Shield 打包的 EXE 文件。

程序下载时会提供下载进程条服务,标识程序下载状态。程序下载完毕,系统先启动升级程序进程,然后退出自身进程。

1.3.5 跨语言通信层

跨语言通信并不常见,通过跨语言通信可实现对远端数据库的数据层操作,并启动远端控制层执行触发的业务操作。

虽然使用 C/C++ 操作远程数据库的方法有很多,但目前在操作数据库方面,基于 JavaEE 的 Web 技术是非常成熟的,因此在系统设计过程中主要考虑在数据层使用 JavaEE 实现业务服务,在客户端通过 Qt 实现,两者连接采用比较成熟的 Hessian 协议。

Hessian 协议支持多种语言之间的无缝连接,协议实现的版本很多,其中 C 语言实现的协议方案不少于 3 种。远程传输与控制系统采用了 Qt C 语言实现的 Hessian 协议,这是一个开源软件,可在网上下载。具体内容详见后面相应章节。

1.3.6 数据层

数据层是使用数据库进行数据存储与处理的软件层。

数据库采用 PostgreSQL,存储的表包括用户信息表、数据表等。硬件设备读取的数据经过处理后,以 JSON 串的形式存储在数据表中,远程控制模块被触发后从数据表中取出相应数据,解析后实现相应的业务功能。

具体内容详见后面相应章节。

1.3.7 远端控制层

远端控制层模块受数据层业务触动,一旦数据库中数据得到了更新,就会有相应的业务程序被触发,实现具体的业务功能。远端控制层的一个业务逻辑是检索身份证基本信息,并还原身份证原始数据格式(二代身份证数据存储格式)。这项功能通过将身份证基本信息根据公安部标准的要求进行再次编码,将身份证照片、指纹等数据进行符合公安部标准的编码处理,实现还原。远程传输与控制系统将重点介绍业务实现的方法与技巧,并提供相应的功能代码,其他具体业务功能不再详述,读者可根据自身业务要求自行扩展。

1.3.8 打包与发布

经过艰苦的开发过程,程序已经能够基本实现预定功能,但还有两项工作是需要做的:一项是测试,另一项是打包。

关于测试,有很多专业书对其进行了描述,而且对于多数公司来说,有专门的测试人员对软件边界环境与条件下程序运行状态进行测试;而对于小规模公司或独立程序员来说,测试自己写的代码大多心中有数,方案清晰,因此关于测试此处不再赘述。

程序打包是一项重要工作,一般分为基于开发语言平台的程序打包以及专业程序打包发布两个部分。具体内容详见后面相应章节。

第 2 章
软件层系统功能模块

2.1 Qt 项目

一般情况下,跨平台的开发框架会提供针对代码优化的编译器,那样在跨平台开发和程序发布时会省很多事。Java 语言框架就属于这种类型。但是,Qt 平台并没有这样做。正如前面下载 Qt 框架时看到的,Qt 框架调用了不同开发商、不同版本的 C 语言编译器,有 Visual Studio,也有 MinGW,当然还有嵌入式环境下的 C 编译器。

众所周知,编译环境配置是一件比较麻烦的事。笔者认为,Qt 的编译环境配置文件 PRO 主要用于兼容不同编译环境参数配置要求,相当于在编译环境层之上再抽象出一层环境配置层,实现各种编译环境的兼容。

笔者猜想,如果未来 Qt 商业模式取得更大成功,那么其一定会推出自己的专属编译器。这样做虽然广大开发人员可能没有直接的感受,但是会使 Qt 框架本身的开发复杂度降低。

2.1.1 Qt 工程

首先创建一个空白工程,在“开始”菜单中单击 Qt Creator,然后选择“文件”→“新建文件或项目”菜单项,打开 New File or Project 对话框,如图 2.1 所示。

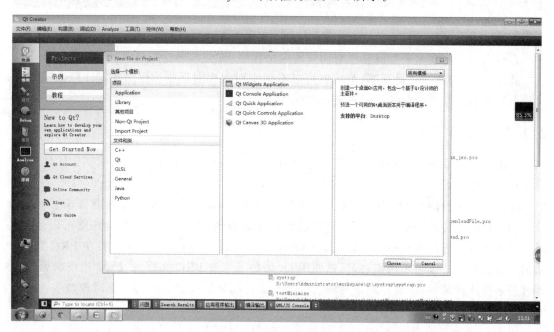

图 2.1 创建 Qt 工程

Qt 5.5.1 支持的项目类型有 5 种（见图 2.1），其中，最常用的是 Qt Widgets Application 和 Qt Console Application，分别表示 Qt 图形界面程序和控制台程序；Qt Quick Application 和 Qt Quick Controls Application 是指使用 Qt Quick 语言设计更高级别界面效果的应用程序；Qt Canvas 3D Application 表示 3D 程序。

在 New File or Project 对话框的"项目"列表框中选择 Application，然后选择 Qt Widgets Application，在后面给出项目名称，然后在"类信息"中选择"基类"为 QDialog，确定后形成的最终项目如图 2.2 所示。

图 2.2　项目初始环境

选择 QDialog 表示要生成基于对话框的应用程序，符合本书业务要求。

此时选择"构建"→"运行"菜单项就可以看到空白程序对话框。程序基本环境搭建完成，代码参见本书配套资料"sources\chapter02\01"。

2.1.2　PRO 文件

在图 2.2 中双击"books. pro"，即可看到环境配置的核心 PRO 文件。PRO 文件是 Qt 项目底层的环境配置文件。

无论出于何种原因 Qt 使用 PRO 文件配置编译环境，它都为普通开发者带来了一些麻烦。因为在使用传统的 C/C++开发框架进行程序开发时，只需要加入头文件就可以通知编译器引入相应的静态或动态库。但是，在 Qt 中只加入头文件还不行，还需要在 PRO 文件中添加相应的配置。读者不用担心，虽然使用 Qt 增加了修改 PRO 文件的过程，比较麻烦，但修改过程本身比较简单，而且并不是每添加一个头文件都要修改 PRO 文件，有时修改一次 PRO 文件就可以处理一大批库文件。

因为有相当多的书讲到 PRO 文件的配置参数，所以本书并不打算从头到尾再次梳理一遍，而是试图针对与程序开发密切相关的几个要素给出详细的分析与示例。对于不常用的信息,开发人员在很长一段时间内都不需要过多了解,编程时不需要修改它就可以让程序完美运行。不需要掌握 PRO 文件的全部知识就可以比较正常地开发应用程序,这可能属于学习领域的马太效应。

> **随笔漫谈——马太效应**
>
> 　　马太效应是指强者愈强、弱者愈弱的现象,其广泛应用于社会心理学、教育、金融以及科学领域。形式化描述有些类似 28 法则,例如:80% 的财富掌握在 20% 的人手中;互联网中 20% 的热节点贡献了 80% 左右的度链接;在学习曲线研究领域,也可以认为花费 20% 的精力掌握了 80% 的技能,若要继续掌握剩下的 20% 的技能,则需要额外花费 80% 的精力。这也是掌握一门技能容易,但要精通成为大师却非常难的原因。
>
> 　　学习 PRO 文件大概也符合马太效应。读者只需要花费 20% 的精力就可以掌握大略技能,可以完成绝大多数常规工作。

books.pro 文件的详细内容如下:

```
Qt        += core gui
greaterThan(Qt_MAJOR_VERSION, 4): Qt += widgets
TARGET = books
TEMPLATE = app
SOURCES += main.cpp\
            dialog.cpp
HEADERS += dialog.h
FORMS    += dialog.ui
```

在上述代码中,Qt 行表示 Qt 使用的核心模块,core 表示 Qt 内核,对应 qtcore 模块,几乎所有 Qt 程序都要添加该项;gui 表示图形界面,对应 qtgui 模块,如果程序中使用了界面资源,则需要添加该项。这一行很少需要改动,如果需要改动,则大多加上 Qt += core gui network,表示使用 Qt 网络功能模块。其他可选选项包括 core、gui、widgets、network、xml、quick、multimedia、webkit 等。

第 2 行是进行版本控制,如果版本大于 4,则使用 widgets 实现界面处理。这主要用于兼容旧版本 Qt 程序。

第 3 行是 EXE 程序输出的文件名,一般不做修改。

第 4 行比较重要,它表示程序类型。其有几种取值,app 表示程序是一个应用程序,qmake 编译器将根据它输出 EXE 格式的文件。可选值还包括 lib,qmake 生成一个 DLL 或静态 lib (a); subdirs 子目录项目,vcapp 生成适合 VC 项目的文件,如 .vcproj 等。

第 5 行表示程序使用的代码文件,包括所有的 CPP 文件。

第 7 行是程序使用的头文件。

第 8 行表示使用的对话框界面资源。

不建议手动修改 PRO 文件,如果有需要则一般只修改 Qt 行来增加 Qt 模块。增加新的 CPP 文件或头文件时可通过右击 Qt Creator 界面的相应位置来提示新增的代码文件,结果会自动反映到第 5、第 7 行,不需要手动修改。

另外一项需要手动修改的值是 LIBS,它表示 Qt 程序使用到的第三方库,在 Windows 中是 DLL 文件，示例代码中暂时未出现该变量。使用第三方库需要在这里手动添加，具体内容详见后面相应章节。

2.1.3　影子编译

单击图 2.2 中左侧的"项目"按钮，可以进行编译选项的配置。

首先可以看到的内容是影子编译选项，指定编译结果的构建目录地址。之所以被称为影子编译，是因为 Qt 将代码目录和编译后生成的目录进行了分离，用户复制代码时可只将重要的代码分布存储，而编译产生的各种体积较大的临时文件则被分离出来。相比复制 VC 项目目录时要复制很多的临时编译文件，Qt 影子编译选项实现了轻量化操作。另外，用户可以直接修改构建目录地址。

其他编译环境内容一般不需要做太多修改，就可以满足大多数 Qt 应用开发需求。

2.1.4　版本控制

图 2.2 中左侧的 Debug 按钮对程序版本进行控制，单击该按钮可选择 Debug 调试版本，或是 Release 候选版本。

调试版本可帮助用户保存调试信息，用户可在 Qt Creator 中进行跟踪调试，但占用内存空间。候选版本是程序精简版本，占用内存低，效率高，是程序开发完成后发布使用的版本。用户可根据需要自行选择。

关于编译与环境配置的其他信息，读者可参考其他文档。

2.2　系统程序窗口

2.2.1　对话框开发

对话框程序是 Windows 平台下比较常见的应用程序。远程传输与控制系统应用程序界面是一个登录界面，登录后界面最小化进入托盘管理，在后台运行。

在 Qt Creator 编辑窗口左侧单击"界面文件"，然后双击"dialog.ui"，进入对话框编辑界面，如图 2.3 所示。

在图 2.3 中，用鼠标将 Label 组件拖拽到界面编辑区域中，然后双击，分别将名称修改为"用户名""密码"。组件变量名如图 2.3 的右侧所示，使用默认变量名即可。Label 是存放静态文字的组件，适合作界面的文字说明。当然它的功能不只如此，后面用到时再进行介绍。

将 Line Edit 组件拖拽到"用户名""密码"后面，用作输入。Line Edit 组件与 Text Edit、Plain Text Edit 组件不同，它只接受单行纯文本格式的输入，符合项目要求。其变量名使用默认值 lineEdit、lineEdit2 即可。

将 Push Button 按钮拖拽到界面编辑区域中，然后双击将其改名为"登录"。变量名为 pushButton。

注意　图中"登录"按钮下方的虚线框也是一个 Label 组件，只不过它的内部文字已被清空。它用于为用户提示升级信息，需要根据升级文件及版本号状态提示不同的结果，因此先被清空，其内容由代码动态确定。

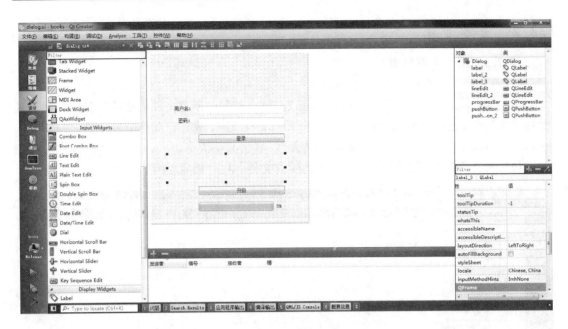

图 2.3　对话框编辑界面

接下来再添加"升级"按钮。最后加入 Progress Bar 进度条,将其 Value 的属性设为 0。

拖动鼠标将各组件排列整齐。也可以使用 Layouts 和 Spacers 组件来帮助对齐组件,它们分别表示组件布局和组件间隔。感兴趣的读者可以参考相关文献。

单击"运行"按钮或 Ctrl+R 快捷键,界面设计程序运行结果如图 2.4 所示。程序代码参见本书配套资料"sources\chapter02\02"。

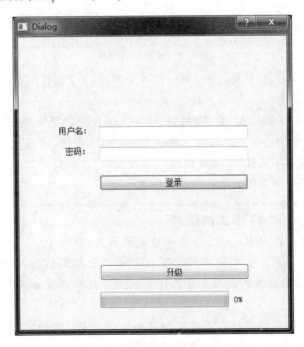

图 2.4　界面设计程序运行结果

2.2.2 资源管理

2.2.2.1 图片与图标资源

利用图片和图标资源可以美化对话框。

首先创建并引入资源。单击 Qt Creator,选择"文件"→"新建文件或项目"菜单项,然后在"文件和类"列表框中选择 Qt,接着选择 Qt Resource File,确定后自行命名文件,完成后 Qt Creator 对话框中的"项目"列表中将增加"资源"。右击 resources.qrc,在弹出的快捷菜单中选择"添加现有文件",然后选择 images 下面的所有文件,单击"确定"按钮,结果如图 2.5 所示。

图 2.5 资源导入结果

程序使用了 4 个资源:1 个 logo 图片;1 个 logo 图标;2 个程序运行期图标,分别表示程序正常运行状态与故障状态。

现在将资源引入对话框。在 Qt 的对话框中加入图片非常简单,使用 Label 组件就可以承载图片。首先在对话框的顶部加入一个 Label 组件,删除文件,调整大小,然后右击该 Label 组件,在弹出的快捷菜单中选择"改变样式表",接着选择"添加资源"→"background‑image"→"logo.png"。Logo 图片会直接显示在对话框中。

经验分享——使用 PNG 格式的图片

    Qt 原则上支持包括 PNG、JPG 等多种格式的图片,但对 PNG 格式的图片支持得最好,且没有任何附加要求。如果程序中使用 JPG 等其他格式的图片,则程序打包发布时要加上相应的 DLL,否则图片在程序员的计算机上可以正常显示,但在用户的计算机上则不能显示。

    需要注意的是,有时程序打包发布时即使加上了支持 JPG 的 DLL 也不一定可以正常显示,因此建议在 Qt 程序中使用 PNG 格式的图片。

图标资源需要代码处理,详见后面相应章节。

2.2.2.2　css 样式表

Qt 为程序开发提供了多种可选方式,尤其在界面设计方面,允许使用 css 样式表优化界面,这是 Qt 在各种开发平台中所独有的特色。

在登录对话框空白处右击(注意,不要单击 Label 等组件),在弹出的快捷菜单中选择"改变样式表",在编辑栏内输入 css 样式表,代码如下:

```
QLineEdit {
    border - style: solid;
    border - width: 1px;
    border - radius: 4px;
}
QDialog {
    background - color:white;
}
```

Qt 支持针对每种组件进行 css 样式设计,例如:远程传输与控制系统对 QLineEdit 进行边线和圆角化处理,让界面更柔和;将 QDialog 背景改为白色。如果读者有 css 设计经验,则可以尝试制订个性化界面。

程序代码参见本书配套资料"sources\chapter02\03",样式处理后的程序界面如图 2.6 所示。

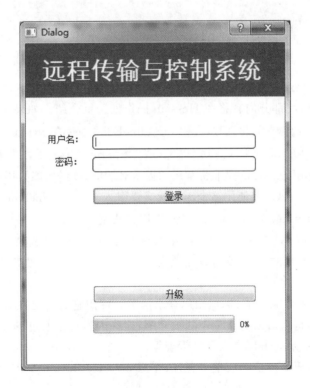

图 2.6　样式处理后的程序界面

2.3 登录系统

2.3.1 按钮响应

到目前为止,程序界面只是一个架子,单击按钮不会产生任何响应,输入的用户名和密码也无法提取,下面将实现这些功能。

双击 dialog.ui 进入登录界面编辑框,右击"登录"按钮,在弹出的快捷菜单中选择"转到槽",然后选择 clicked,表示响应单击事件,确定后在 dialog.cpp 中将生成 on_pushButton_clicked()函数。登录功能代码如下:

```
void Dialog::on_pushButton_clicked()
{
    //1.取出用户/密码
    if (ui->lineEdit->text().isEmpty() || ui->lineEdit_2->text().isEmpty()) {
        QMessageBox::information(this, "登录", "用户名与密码不能为空。");
        return;
    }
    ui->pushButton->setEnabled(false);  //网络登录较慢,防止多次单击登录按钮
    //2.使用 Hessian 登录
    //3.其他内容
    isLogin = false;
    ui->pushButton->setEnabled(true);
}
```

ui->lineEdit->text()函数用于取出用户编辑栏的值,正常情况下,取出用户名和密码后要通过网络进行认证,此部分内容将在 Hessian 操作处进行介绍。如果用户名或密码为空,则不能登录。对 lineEdit 组件设置值时,可用 ui->lineEdit->setText("user1")函数,如果需要提供默认用户名,则可在 Dialog::Dialog(QWidget * parent)构造函数中加入这句代码。

QMessageBox::information 是非常常用的提示对话框,该语句能为用户打印出带 OK 按钮的对话框,为用户提示信息。要使用这个函数就需要引入头文件 ♯include ＜QMessageBox＞。与其相似的还有 QMessageBox::warning 等,使用方法基本相同。

ui->pushButton->setEnabled(false)函数使登录按钮变灰不能单击。这是由于网络登录过程有些慢,不允许用户反复单击这个按钮。登录结束后将其设置为"true"使按钮恢复功能。

isLogin 是全局变量 bool 值,标识用户登录情况。使用它时需要在 dialog.h 中加入定义。关于登录的其他内容将在后面的章节中陆续介绍,这些内容包括通过 Hessian 登录、登录信息写入 INI 配置文件、登录后窗口进入托盘管理等。

同样对"升级"按钮添加槽响应单击事件,生成 on_pushButton_2_clicked()函数。代码内容以后填充。

2.3.2　读/写组件值

除了 LineEdit 组件之外,程序还使用了 1 个 Label 组件用于存储升级相关的提示信息。对 Label 赋值使用"ui ->label_3 ->setText("发现新版本,请单击升级按钮.")"语句。

ProcessBar 进度条记录了升级文件下载的进度,对它进行赋值时使用 ui ->progressBar -> setValue(0)语句。赋值可取 0～100 之间的数,其中 100 表示进度达到 100%。程序可以通过不断设置进度值来实现进度条逐渐增长至 100%的动画效果。

相关详细代码将在具体功能模块中进一步介绍。本小节代码参见本书配套资料"sources\chapter02\04"。

2.4　托盘管理

2.4.1　Windows 系统托盘

远程传输与控制系统是托盘程序,程序登录后直接进入 Windows 系统托盘。

Qt 程序是跨平台程序,由于有些平台没有系统托盘的概念,因此需要针对 Windows 系统托盘进行特殊处理。

增加托盘功能非常简单,在 Qt 中新增 QSystemTrayIcon 变量,系统将自动增加系统托盘功能。在 dialog.cpp 中加入代码,具体如下:

```cpp
Dialog::Dialog(QWidget * parent) :
    QDialog(parent),
    ui(new Ui::Dialog)
{
    //1.托盘图标
    //1.1 初始化图标
    iconCorrect = QIcon(":/images/correct.png");
    iconError = QIcon(":/images/error.png");
    //1.2 初始化托盘图标
    trayIcon = new QSystemTrayIcon(this);
    trayIcon ->setToolTip("单击显示系统信息\n 右击显示功能菜单");
    setBothIcons(0);
    trayIcon ->setVisible(true);
}
void Dialog::setBothIcons(int index)   //设置程序图标(窗口图标 + 托盘图标)
{
    //index = 0;无错误
    //index = 1;有错误,显示错误图标
    (index == 0)? setWindowIcon(iconCorrect) : setWindowIcon(iconError);
    (index == 0)? trayIcon ->setIcon(iconCorrect) : trayIcon ->setIcon(iconError);
}
```

首先代码为托盘准备两个图标:一个是程序正确运行时的图标,一个是程序出错时的图标。

其次,创建 Windows 托盘图标变量:利用 setToolTip 设置提示信息,当用户鼠标移动到系统托盘图标上时,提示信息自动显示;利用 setBothIcons 函数实现图标设置,该函数根据索引值确定设置正确图标还是错误图标。函数内部不仅为系统托盘设置了相应图标,还为对话框设置了窗口图标,同样分为正确和错误两种图标。

最后,程序使用 setVisible 函数将系统托盘图标显示在右下角。

程序使用的相关变量及需要引入的相关头文件均在 dialog. h 中定义,可查阅相关资料参考相关代码。

现在运行程序,单击右上角"×"按钮("关闭"按钮),程序将直接退出,而未最小化到系统托盘中。这是因为单击"×"按钮后程序进入系统托盘,但接着执行 Qt 关闭对话框的默认动作,退出了程序。这时需要对关闭对话框按钮的事件进行处理。

> **经验分享——系统托盘**
>
> 　　Qt 增加系统托盘的功能很简单,但这时系统本身的应用程序逻辑功能并未消失,也就是说,程序运行之后还有原来的界面,程序最小化后,除了在系统托盘上有程序图标之外,在系统任务栏上仍有程序最小化窗口。对于大多数系统托盘程序,用户可能不需要任务栏上的最小化窗口,而只希望看到托盘中的图标。
>
> 　　要实现这样的功能,Qt 没有提供标准函数,但只要稍扩展思维就可以想到一个好办法:最小化或关闭程序时把窗口隐藏,系统托盘图标仍旧显示,然后通过系统托盘图标上的菜单来操控整个程序。

2.4.2　事件劫持

处理 Qt 事件很简单,只需要在头文件标识"slots:"(槽)的位置加上事件函数名,然后在 cpp 文件中把处理事件的代码实现即可。处理远程传输与控制系统的关闭事件函数名为 closeEvent(),在这个函数中"劫持"关闭事件,然后做自己的处理。相关代码如下:

```
void Dialog::closeEvent(QCloseEvent * event)    //隐藏窗口
{
    if (trayIcon->isVisible()) {
        if (isLogin) hide();                     //登录用户直接隐藏窗口进入托盘
        else {
            QMessageBox::information(this, tr("远程传输与控制系统"),
                tr("请登录。\n\n退出程序:请右击系统托盘图标,选择退出程序。"));
        }
        event->ignore();
    }
}
```

用户单击"关闭"按钮触发 closeEvent() 函数,该函数先判断系统托盘是否处理激活状态,即是否可见(托盘可见是指托盘功能处于激活状态)。如果可见,则判断用户是否登录,如果已登录,则使用 hide() 函数隐藏窗口,使程序进入系统托盘。hide() 函数实现了系统托盘程序的最核心内容,如前文所述,隐藏窗口后系统只存留系统托盘一个界面,所有操作都通过托盘图标进行,这符合系统托盘程序(或伪后台程序)的要求。如果用户未登录,则让用户登录后再进入系统托盘。

然后,选择 event ->ignore()函数将关闭事件丢弃,否则关闭事件将沿着 Qt 定义的事件处理流程继续前行,由 Qt 实现默认管理,窗口仍将在进入系统托盘后被关闭。

注意 "关闭"按钮事件被截后,现在的程序将无法关闭,需要使用 Windows 任务管理器手动关闭 book.exe * 32 进程。若要程序仍旧实现退出功能,则可以通过单击托盘图标产生的菜单动作来进行处理。

本小节程序代码参见本书配套资料"sources\chapter02\05"。

2.4.3 菜单管理

因为系统启动后会进入系统托盘(登录后),表现形式为伪后台程序运行状态。在这种情况下,用户对程序的所有操作都只能通过托盘图标进行,因此要对托盘图标设计菜单,实现用户接口功能。

有 Windows 使用经验的用户都知道,单击和右击托盘图标一般都会出现不同的菜单。延续惯例,并为使程序功能齐全规范,本书中的远程传输与控制系统也采用这种方案。

右击托盘图标后将显示系统的功能菜单,如注销、退出程序等。单击托盘图标后将产生系统消息菜单,即用户当前执行任务的结果,以气泡式菜单的形式显示给用户。

2.4.3.1 鼠标右键动作

右击远程传输与控制系统在系统托盘中的图标会显示系统的功能菜单。在 Qt 中要显示功能菜单需要 2 个信息,它们对应的头文件分别是<QAction>和<QMenu>。实现菜单也比较简单,即先定义 QAction 变量;然后将 QAction 变量当作参数生成 QMenu 变量,这个 QMenu 变量就是菜单项;最后使用定义的托盘图标变量,使用 setContextMenu 函数将生成的菜单加入托盘图标,图标就会完成识别鼠标右键的功能。

在远程传输与控制系统的 dialog.h 中,先加入上述 2 个头文件,然后定义 1 个 QMenu 变量和几个 QAction 变量。定义 1 个 QMenu 变量是因为鼠标右键产生的是 1 个菜单,而几个 QAction 变量对应菜单中的几项内容。具体代码如下:

```
void Dialog::setupTrayMenu()
{
    //要检索 INI 和设备信息后才处理
    userMsg = new QAction("当前用户:", this);
    deviceMsg = new QAction("当前设备:", this);
    logoutAction = new QAction("注销用户", this);
    quitAction = new QAction("退出程序", this);

    trayIconMenu = new QMenu(this);
    trayIconMenu ->addAction(userMsg);
    trayIconMenu ->addSeparator();
    trayIconMenu ->addAction(deviceMsg);
    trayIconMenu ->addSeparator();
    trayIconMenu ->addAction(logoutAction);
```

```
connect(logoutAction, SIGNAL(triggered()), this, SLOT(logout()));
    trayIconMenu->addAction(quitAction);
    connect(quitAction, SIGNAL(triggered()), qApp, SLOT(quit()));
    //非常重要,必须是 qApp,不能是 this
    trayIcon->setContextMenu(trayIconMenu);
}

void Dialog::logout()
{
    isLogin = false;
    showNormal();
}
```

由上述代码可知,系统一共生成了4项菜单内容,前2项标识了当前用户和当前用户使用的设备(指身份证读卡器等),用户登录后或设备被插入计算机时,信息被检索到并添加到菜单冒号后面用于提示用户。关于此部分内容,后面相应章节将会讲到,这里先保留菜单内容。

菜单后面2项是注销用户和退出程序。与前面2项的功能不同,用户选择这2项菜单时,应用程序需要做出反应,执行相应功能。这时需要 Qt 标准事件处理和消息响应函数 connect。关于 connect 函数,后面相应章节将会详细讲解,这里只需要记住,菜单项发出消息的函数是 SIGNAL(triggered()),接收消息的 this 状态下定义的 SLOT(logout())函数。this 是当前对话框环境,logout()是自己在 this 环境下定义的函数(注意,它的定义格式是 Dialog::logout(),表明在 this 环境下定义的函数)。SIGNAL 和 SLOT 都是 Qt 的标准宏,一般不用深入了解,只需知道的是,一项菜单被触发(triggered())后会自动调用用户自己定义的处理函数 logout()。当然,函数名可以随便定义。connect 函数通过第一个参数(即 QAction 变量)标识触发的是哪个菜单项。

注意　logout()函数在头文件中声明时与普通函数有些不同,它必须放在"private slots:"这一项之下,向 Qt 表明这个函数可以受理消息触发。logout()函数首先将标识系统用户登录姿态为假,然后调用 showNornal()函数将当前隐藏的登录对话框显示出来,允许用户注销后重新登录。

接下来是退出菜单功能。根据上述内容可知,quitAction 菜单项发出 SIGNAL(triggered())消息后由 SLOT(quit())函数处理。但与上一菜单项 connect 函数不同,第3个参数由 this 转为 qApp。这里的差别在于,logout()函数要定义在 Dialog 类环境下,而 quit()函数则要定义在 qApp 环境下。这里需要说明的是,qApp 是 Qt 平台为每个 Qt 程序定义的应用程序实例,一般用不到。quit()是 qApp 变量的属性函数,负责退出应用程序。

为什么一般用不到的变量和函数要在这里直接使用呢?这是因为前面几节为了保证系统在进入托盘后以后台进程的状态运行,因此专门截获了单击登录窗口"关闭"按钮的 closeEvent 事件,并在事件中不允许程序退出。然而让程序退出再发送 closeEvent 事件则毫无意义,因为此时需要调用 Qt 程序最底层的 qApp->quit()函数退出程序。

经验分享——退出程序

　　Qt 程序退出最后要调用的就是 qApp->quit()函数。单击 Qt 对话框程序右上角的

"关闭"按钮,系统将会产生 closeEvent 事件。在处理 closeEvent 事件的函数中,如果自主消息处理后不使用 event->ignore()强行忽略消息,而是让消息沿事件处理机制由 Qt 自动处理,那么 Qt 最后也会调用 qApp->quit()函数退出程序。这里只是将不透明的调用过程透明处理,然后选择恰当的时机执行恰当的功能。

addAction 函数是将菜单内容加入菜单中,且先加的内容在菜单的上部。addSeparator 函数是在菜单中加入横条分隔菜单,内容比较简单,此处不再赘述,相关代码参见本书配套资料"sources\chapter02\06"。

Qt 处理菜单的功能非常丰富,设置子菜单、互斥菜单,在菜单前面加上"√"标识等常见的菜单功能,Qt 都支持。远程传输与控制系统也会用到这些功能,到时再列出详细代码。

2.4.3.2　鼠标左键动作

鼠标左键产生的菜单是消息显示菜单。其完成相应功能分成 3 步:第 1 步是响应鼠标左键的消息,Qt 对其有明确定义,即 SIGNAL(activated(QSystemTrayIcon::ActivationReason))消息,用户要自定义 SLOT 函数来处理 SLOT(myIconActivated(QSystemTrayIcon::ActivationReason))这个消息;第 2 步是定义要显示的消息内容,消息内容是字符串类型;第 3 步是显示消息,使用自定义 showMessage 函数。具体代码如下:

```
void Dialog::myIconActivated(QSystemTrayIcon::ActivationReason reason)
{
    switch (reason) {
    case QSystemTrayIcon::Trigger:
    case QSystemTrayIcon::DoubleClick:
        showMessage();
        break;
    default:
        ;
    }
}
void Dialog::showMessage()    //显示信息
{
    QString title = "系统状态信息";
    deviceInfo.append("1. aaa");
    deviceInfo.append("2. bbb");
    int duration = 3;
    trayIcon->showMessage(title,
                        deviceInfo.join("\n"), //bodyEdit->toPlainText(),
                        QSystemTrayIcon::Information, //icon,
                        duration * 1000);
}
```

在自定义 myIconActivated 函数中,先对产生消息的原因进行判断,如果单击(QSystemTrayIcon::Trigger)或是双击(QSystemTrayIcon::DoubleClick),则执行自定义 showMessage()函数显示消息。其他情况不做处理。

　　在显示消息 showMessage()函数中,先定义消息显示界面的标题,也就是题目信息,然后保存消息内容的 deviceInfo 变量。前面提到,要显示的消息内容是字符串类型,且每组(行)消息之间可由"\n"分隔。由于要显示的消息一般都比较多,考虑到效率,程序使用 QStringList 类型定义 deviceInfo。QStringList 是字符串列表类型,它可以方便地存储多组字符串,并可以与字符串变量 QString 方便地转换。由于目前程序还未收到任何可以供显示的消息,因此使用了 2 组示例性字符串供显示。

　　最后使用 trayIcon ->showMessage 函数显示消息,函数中先使用 deviceInfo.join("\n")将字符串列表转换为字符串,再用 duration 定义要显示的消息时长,超过时长菜单将会自动消失。函数接收的时长单位是毫秒,因此要乘以 1 000。QSystemTrayIcon::Information 参数表示显示消息的界面的左上角显示类似字母 i 的"信息图标"、可选的 QSystemTrayIcon::Warning 警告图标等。

　　如果用户运行当前程序就会发现,每次单击托盘图标时,显示的消息内容都会不断变多。这是因为每次处理消息显示函数 showMessage 时,deviceInfo 都会在原基础上增加显示消息,因此消息会越来越多。要处理这个问题,可以在 showMessage 显示消息之前,先使用 deviceInfo.clear()函数清空所有旧消息,再加入新消息即可。

　　相关代码参见本书配套资料"sources\chapter02\07"。

2.5　单实例管理

2.5.1　进程与实例

　　对于大多数程序来说,程序启动运行后,如果用户再次单击菜单运行程序,那么程序会打开第二个实例,也允许用户打开并执行多个实例。典型例子是以前的 IE 浏览器程序,每打开一页都会启动一个实例。

　　在这里,实例和进程可视为相同概念。进程比较耗费资源,启动一个进程要执行分配内存空间、分配进程 ID 等一系列工作。为提高效率,有的程序则使用了线程。

经验分享——进程与线程

　　CPU 有时间片,对 CPU 来说,所有应用程序都是排除要使用 CPU 时间片的客户,这些客户用技术语言描述就是进程。每个进程在启动后,操作系统都会确定其优先级,然后进入进程队列,排队等待 CPU。如果 CPU 空闲,那么进程会得到一些时间片,由于 CPU 执行速度非常快,因此虽然进程只得到很少的时间片(如毫秒级),但仍可以完成进程的任务。进程完成任务或耗完时间片后会被操作系统从 CPU 中取出,如果仍有任务,则再次进入队列排队。

　　虽然一个进程获得的 CPU 时间非常短,但大多数情况下,这么短的时间片仍有空余。为了充分使用这些时间片,线程技术就被提出来了。

　　线程仿照进程实现。线程也排队等待 CPU 时间,只是它要得到的时间片不是由 CPU

分配,而是由进程获得 CPU 时间片后,再在内部进行排队、分配,最后给出时间片,让线程得以执行。

　　本质上说,CPU 并不知道线程的存在,而进程在得到 CPU 时间片后,则充当了一次"山中霸王",仿照 CPU 的方式,把自己的 CPU 时间片分配给进程下面的各个线程。

　　大家一定要注意,进程和线程都是建立在 CPU 超强计算能力的基础上的,如果碰到某些任务特别占用 CPU 时间片,则进程和线程也不能提高效率。当然,我们遇到的99.99%甚至以上的程序,相对 CPU 的计算能力来说,都是小菜一碟。

　　除了上述应用程序之外,还有一种程序,它不希望用户再次单击程序菜单时执行新的进程(或线程),而是希望程序以单实例的形式运行。一般这种程序大多是特殊业务需求程序,或以后台进程形式运行,可能监管着某种外部设备,或某个内存或内核模块,如果有新进程产生,则易造成冲突,发生错误。

　　远程传输与控制系统也是单实例程序,例如,当对外操作身份证读卡器和 SIM 卡读/写卡器时,如果用户执行硬件设备操作,如把身份证放在身份证读卡器上,当硬件读出的结果要返回给远程传输与控制系统时,则希望只有一个系统可以接收读出的身份证数据,并对其进行操作。

2.5.2　单实例管理概述

　　单实例管理的实现技术有多种,就方法而言都比较简单,就算读者不了解相关内容,也容易猜出来。

　　比如,启动进程后在硬盘 C:根目录下做个标记,如果再启动进程,发现标记已经被设置,则进程不再启动。又如,在系统目录下生成一个文件,里面加上配置信息,如 appStarted=yes,程序退出时再改为 appStarted=no。只有在 no 的情况下才启动进程,且进程启动后将 no 改为 yes。这样当第一个实例后的任何进程启动时,都会由于读出的信息是 yes 而退出,不会产生多个实例。

　　如果读者有一定的程序设计经验,那么恐怕会提出疑问:在硬盘上设置标识会不会影响程序效率呢? 答案是肯定的。在硬盘上留下标识或配置文件,毕竟没有把标识放到内存空间中快。此外,硬盘上配置文件容易出现错误,管理起来比较麻烦。

　　远程传输与控制系统通过在内存中分配一块标识来完成单实例的判断,实现单实例功能。具体代码如下:

```
# include <QMessageBox>
# include <QSystemSemaphore>
# include <QSharedMemory>
...
//只运行一次
QSystemSemaphore ss("MyObject",1,QSystemSemaphore::Open);
ss.acquire();   //在临界区操作共享内存 SharedMemory
QSharedMemory mem("MySystemObject");   //全局对象名
if (!mem.create(1))                    //如果全局对象已存在则退出
{
```

```
    QMessageBox::information(0,"警告","程序已经运行,无需再行启动。");
    ss.release();          //如果是 Unix 系统则会自动释放
    return 0;
}
ss.release();              //临界区
```

首先需要说明的是,代码加在 main.cpp 中。因为这是程序入口,在入口检测是否是单实例,如果不是则程序退出,从而强制实现单实例是合理的。此外,程序使用的变量和函数需要加上相应的头文件。在这段程序中,头文件和函数名完全一致,不再赘述。

代码有 10 余行,但核心代码就 2 行:

- "QSharedMemory mem("MySystemObject");"在内存中定义了一个标识(变量),名字是 MySystemObject。
- 通过 mem.create(1)创建后,只要有进程再在这个内存空间中定义同名标识,就说明之前已有启动的进程,因此进程退出(return 0),由此实现单实例管理。内存标识变量名字自定义,任何需要实现单实例管理的应用程序都应该定义不同的变量名,如 MySystemObject2。如果用户把这段代码复制到不同程序中就会发现,启动一个程序后再启动另一个程序将会报错:程序已经运行,无需再行启动。

既然核心代码只有 2 行,为何还要加上其他代码呢? 实际上,对内存标识变量 mem 的操作是在所有进程共享内存空间中进行的,任何有效进程均可在此共享内存空间中读/写数据。根据操作系统要求,这里需要加上锁机制,防止出现脏读、脏写等故障,导致程序出错。QSystemSemaphore 定义了一个信号量,这是一个最简单的锁,加上该锁后,可在安全模式下操作 mem 变量。

相关代码参见本书配套资料"sources\chapter02\08"。

2.6　再论对话框

对话框是基于应用程序最重要的功能组件之一,虽然远程传输与控制系统是基于后台运行的程序,使用的对话框较少(目前仅有登录窗口对话框),但仍有必要对 Qt 提供的对话框以及自定义的可扩展对话框进行深入了解。

根据笔者的经验,关于对话框常见的应用包括:对系统对话框的使用,如提示信息、取出用户对话框操作返回值(如单击确定或是取消按钮等);需要用户自定义的对话框,包括在自定义对话框中加入编辑行、按钮、消息框等,以及接收对话框返回值。下面将分别进行介绍。

2.6.1　系统对话框

Qt 中系统对话框用得较多的是 QMessageBox 定义的 4 种对话框:information、question、warning 和 critical,分别表示信息提示对话框、提问对话框、警示对话框和重要错误对话框。要使用这些函数,首先要加入＜QMessageBox＞头文件。这几种函数的使用方式基本类似,之前的程序也使用过,例如:

```
    QMessageBox::information(this, tr("远程传输与控制系统"), tr("请登录。\n\n 退出程序:请右击系统托盘图标,选择退出程序。"));
```

因为它们是静态函数，因此使用时不用实例化 QMessageBox 对象。使用方式是 QMessageBox∷information，第一个参数是父对象，后面 2 个参数分别表示对话框标题和对话框内容，内容若要换行就直接加\n，要分多行就加多个\n。函数中的 tr 是 Qt 对字符串编码处理的函数。Qt 默认支持多种语言，可根据语言环境的不同显示不同的语言信息，类似当前比较流行的国际化技术。如果程序只面向某一语言，那么也可不去考虑它。

上述代码执行后对话框只有一个 OK 按钮。若要设置不同类型的按钮，则需要对该函数的参数默认值进行修改，代码如下：

```
QMessageBox::information(this, "重要信息","请保存当前工作。",
QMessageBox::Yes | QMessageBox::No)
```

"QMessageBox∷Yes | QMessageBox∷No"设置后显示的对话框会出现 2 个按钮，单击任何按钮均可关闭对话框。

一般情况下，系统对话框只起到提示信息的作用，但有时程序希望能得到用户单击不同按钮返回的信息，要获得这些信息，可采用下述代码：

```
if (QMessageBox::No == QMessageBox::information(this, "重要信息","请保存当前工作。",
    QMessageBox::Yes | QMessageBox::No)) {
        //…如果单击 No 按钮
}
```

若要取得 Yes 按钮的信息，则判断 QMessageBox∷Yes。

2.6.2　自定义对话框

Qt 系统对话框还不能满足用户所有要求，有一些特殊对话框还需要用户自己设计对话框，以满足需求，代码详见本书配套资料"sources\chapter02\09"。

在 Qt 应用程序中加入自定义对话框大致需要 4 步，具体如下：

第 1 步是新建自定义对话框类文件。如图 2.7 所示，在"项目"区域中右击，在弹出的快捷菜单中选择"添加新文件"，然后在"文件和类"列表框中选择 Qt，接着在右侧区域中选择"Qt设计师界面类"，单击 choose 按钮，之后在出现的新的对话框中选择 Dialog without buttons，其他默认，然后单击"下一步"按钮，会出现自定义对话框类，修改类名，如 Dialog2 等，确定后会出现自定义对话框的资源编辑界面。

第 2 步是在上述资源编辑界面中进行编辑。对这个资源编辑界面用户应该不会陌生，在这里可以随意添加任何资源，包括按钮、编辑框等。本例在此加上一个简单的"确定"按钮。

第 3 步是加上按钮后单击"确定"并退出对话框。右击"确定"按钮，在弹出的快捷菜单中选择"转到槽"，再选择 clicked()，表示单击按钮。此时该资源编辑界面会进入程序编辑状态，并自动创建 void Dialog2∷on_pushButton_clicked()函数，然后在函数内部加上 accept()函数，表示单击"确定"按钮；如果加上 reject()函数则表示用户单击了"取消"按钮。

第 4 步是关键的一步，虽然前面创建了自定义对话框，但程序运行后还看不到它，要想看到它，则需要定义一个对话框实例，然后执行 exec()函数进行显示。参考代码如下：

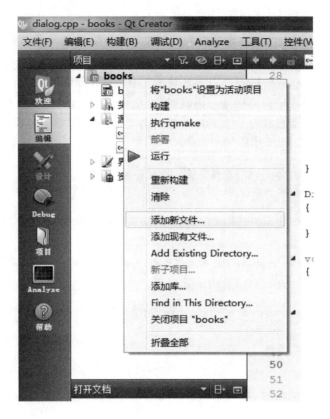

图 2.7　新建自定义对话框类文件

```
Dialog2 * pDialogVPN = new Dialog2();
pDialogVPN ->setWindowTitle("设置 VPN 翻越");
if (pDialog2 ->exec() == QDialog::Accepted) {        //判断是单击"确定"按钮还是"取消"按钮
    //自定义对话框中的功能代码
}
```

第 3 章

Web 网络服务模块

3.1 Qt 网络模块

3.1.1 网络模块类

随着网络程序的不断演化,网络程序开发技巧不断地向简单化、易用化方式转变。早期进行网络编程时要针对 TCP、UDP 层面进行开发,代码比较多,涉及网络数据包的交换和控制,以及端口设置等,比较麻烦。此外,网络支持的协议数量非常多,如 FTP、HTTP 等,要分别针对各种协议进行编辑是一件麻烦的事情。

早期 Qt 针对多种协议实现了相应的类,包括 QtcpSocket、QFtp 等,但在 Qt 5 之后,Qt 将所有网络协议模块封装在一起,形成单独的网络程序设计接口,这个接口就是 QtNetwork 模块中的 QNetworkAccessManager 类和 QNetworkReply 类。而早期的 QFtp 等类则不建议再使用,除非遇到要处理底层网络的情况;也不建议使用 QtcpSocket 等类。

3.1.2 QNetworkAccessManager 类与 QNetworkReply 类

QNetworkAccessManager 类支持应用程序发送网络请求和接收网络应答。无论何种网络协议或网络请求,只要创建 QNetworkAccessManager 对象,并在创建后进行网络发送请求的通用配置和设置,如代理和缓存的配置以及相关的其他信号,就可以实现网络通信。网络通信的实时状态和通信结果可以使用应答信号获取,这个应答信号就是 QNetworkReply 类。

QNetworkReply 类包含发送给 QNetworkAccessManager 请求的所有应答数据。与 QNetworkRequest 类似,这些数据包含一个 URL 和一些首部信息,以及一些与应答状态相关的信息,再加上应答信息自身的内容。QNetworkReply 是一个顺序访问的 QIODevice,一旦数据从对象中读取出来,那么该对象就不再持有这些数据。

QNetworkReply 类有几个关键函数用于操作网络通信和获取网络数据,downloadProgress()函数在通信数据传输过程中被发送,表示当前网络数据传输数量(但是有时它所持有的数据量不一定就是真实接收到的数据量,稍后将介绍更准确地获取数据传输总量的方法)。同理,uploadProgress()处理数据上传量化信息。

finished()函数在网络通信结束时被触发,实际上它是个信号函数。当这个信号被触发时,就不会再对应答数据或者元数据进行更新。应答信息可以通过 read()或 readAll()来读取数据,在 close()函数调用后放弃所有应答信息。

一个简单的网络传输例子可以采用以下代码实现,代码完成打开某个 URL,然后下载并读取这个 URL 网页数据:

```
QNetworkAccessManager * manager = new QNetworkAccessManager(this);
connect(manager, SIGNAL(finished(QNetworkReply * )), this,
SLOT(replyFinished (QNetworkReply * )));
manager ->get(QNetworkRequest(QUrl("http://www.baidu.com")));
void replyFinished (QNetworkReply * pReply) {
qDebug() << pReply ->ReadAll();
}
```

注意　函数通过当前对象(this)实现信号传递。在 replyFinished 函数中处理从网络中读取的数据,可以显示或进行修改。

如果要了解网络通信的细节内容,则可以采用另一种网络通信方式,它通过 QNetworkReply 类对象实现信号传递,具体如下:

```
QNetworkAccessManager * pManager = new QNetworkAccessManager();
QNetworkReply * pReply = pManager ->get(QNetworkRequest(url));
//创建信号机制
connect(pReply, QNetworkReply::downloadProgress, this, myDownloadProgress);
connect(pReply, QNetworkReply::finished, this, myFinished);
void myFinished()
{
pReply ->readAll()
}
void myDownloadProgress(qint64 bytesReceived, qint64 bytesTotal)
{
    ui ->progressBar ->setMaximum(bytesTotal);    //处理下载进度,显示到对话框进度条中
    ui ->progressBar ->setValue(bytesReceived);
}
```

这时,通过 QNetworkReply 类对象取得网络通信的详细信息,可以进行数据读取、进度更新等操作。

3.2　下载升级文件

远程控制与传输系统设计并实现了程序自动升级的功能,因此需要从网络上下载升级 EXE 文件,这涉及网络下载的相关功能。

3.2.1　信号与槽函数

3.1.2 小节给出了使用 QNetworkAccessManager 和 QNetworkReply 进行网络通信和文件下载的例子,可以看到,只用几行代码就可以实现其他语言程序需要大量代码才能实现的功能,由此可见 Qt 在网络通信方面的优势。

如果读者有用其他语言进行网络编程的经验就会发现,网络通信中重要且复杂的消息处理相关代码在 Qt 程序中仅用短短 2 行即可完成(connect 函数),这 2 行代码实现了 Qt 的消息传递机制,即信号与槽机制。

关于信号与槽机制本书后面有更详细的讨论,在此仅针对与网络通信相关的 3 个比较常用的信号与槽关联函数进行讨论,代码如下:

```
connect(pReply, QNetworkReply::finished, this, myFinished);
connect(pReply, QNetworkReply::downloadProgress, this, myDownloadProgress);
connect(reply, SIGNAL(error(QNetworkReply::NetworkError)),  this,
SLOT(slotError(QNetworkReply::NetworkError)));
```

第 1 行代码表示当网络通信任务完成(如下载完成)时发出 QNetworkReply::finished 信号,connect 函数将这个信号与自定义的 myFinished 函数相关联,由 myFinished 函数处理通信任务完成后程序应该执行的功能(如将下载的数据保存到文件中)。

第 2 行代码处理的是下载进度,由自定义的 myDownloadProgress 实现。在下载较大文件时,有时需要为用户提供下载进度,myDownloadProgress 函数通过 qint64 bytesReceived 和 qint64 bytesTotal 参数向用户传递当前传输数据量和应传输数据总量。QNetworkReply::downloadProgress 并不实时发出信号,而是在系统较空闲的情况下发送,myDownloadProgress 函数接收到信号和上述 2 个参数后做出相应处理。

第 3 行代码是错误处理函数。当网络通信发生错误时,系统发出 error(QNetworkReply::NetworkError)信号,可在 slotError(QNetworkReply::NetworkError)函数中处理错误。

经验分享——信号与槽中的 SIGNAL 和 SLOT 宏

有读者会发现上述信号与槽函数中,有的 connect 函数有 SIGNAL 和 SLOT 宏,将信号与槽函数括起来,如 SIGNAL(error(QNetworkReply::NetworkError)),但有的函数没有使用这些宏。Qt 5 之前要求必须使用 SIGNAL 和 SLOT 宏,但 Qt 5 之后允许不加。

实际上,SIGNAL 和 SLOT 宏的定义为空,即程序中 SIGNAL 和 SLOT 宏不执行任何代码,只是一种标识,提供给编译器。

3.2.2　功能模块与类

使用上述类和函数就可以实现网络通信,完成文件下载的功能。但对远程控制与传输系统来说,需要下载的文件比较多,除了升级文件之外,还有升级版本控制文件、其他配置文件等。因此,需要制作一个通用的下载类,将网络下载功能代码打包成一体,主要代码如下,程序详见本书配套资料"sources\chapter03\01"。

```
//books.pro 文件
Qt          += core gui network

//UpdateByNetwork.h 文件
class UpdateByNetwork : public QObject
{
    Q_OBJECT
public:
    UpdateByNetwork();
```

```
    ~UpdateByNetwork();
//…
}
//UpdateByNetwork.cpp 文件
void UpdateByNetwork::startDownload()
{
    //开始下载
    bDownloaded = false;
    QUrl url = QUrl(baseAddress + downloadFileName);
    QString strAppDir = QCoreApplication::applicationFilePath();
    strAppDir = strAppDir.left(strAppDir.lastIndexOf("/"));
    QDir mydir(strAppDir);// = QDir::current();
    mydir.mkdir(LOCALUPDATEDIR);          //将文件下载到指定目录
    pFile = new QFile(LOCALUPDATEDIR +   "/" + downloadFileName);
    if (!pFile->open(QIODevice::WriteOnly | QIODevice::Truncate)) {
        qDebug() << "本地文件无法创建,无法下载文件。";
        return;
    }
    pManager = new QNetworkAccessManager();
    pReply = pManager->get(QNetworkRequest(url));
    //创建信号机制
    connect(pReply, QNetworkReply::finished, this, UpdateByNetwork::myFinished);
    return;
}
void UpdateByNetwork::myFinished()
{
    if (pFile) {
        pFile->write(pReply->readAll());
        pFile->flush();
        pFile->close();
        delete pFile;
        pFile = NULL;
    }
    pReply->deleteLater();
    pReply = NULL;
    bDownloaded = true;
    //QMessageBox::information(this, "完成", "本地下载完成。");
}
```

生成 UpdateByNetwork.h 和 UpdateByNetwork.cpp 文件后,要在 books.pro 文件中添加"network"关键字。同时在 UpdateByNetwork.cpp 文件中要引用<QtNetwork>头文件,这样 Qt 程序才能正式使用网络服务功能。

生成自定义类时必须使用 public QObject 派生,同时要在类定义的首行处添加 Q_OBJECT宏。这两处代码的主要目的是允许自定义类使用 Qt 提供的信号与槽功能。有些程序员在写程序时会疏忽,程序编译时就会出现非常奇怪的错误,这点要提前注意。

在 UpdateByNetwork∷startDownload()函数中,程序允许用户指定下载文件的具体目录和文件名,调用函数前应事先定义,然后在 startDownload()函数内部进行统一处理。函数 UpdateByNetwork∷myFinished()处理了下载结束后的清理工作,与前面介绍的函数相似。

> **经验分享——Qt 获取程序目录**
>
> 在此需要注意,Qt 获取应用程序本地目录的函数有多种,包括 QDir∷currentDir()、QCoreApplication∷applicationDirPath()、QCoreApplication∷applicationFilePath()等。本程序使用的是 QCoreApplication∷applicationFilePath()函数,获取目录最后有一个字符"/",将其删除后获得应用程序目录。
>
> 那么使用其他函数会有区别吗? 答案是区别很大。如果直接单击应用程序 EXE 执行程序,则上述函数功能完全一致;如果通过其他方式执行程序,则程序运行结果将会出现差别,具体如下:
>
> QDir∷currentDir()获取的是执行环境的当前目录,也就是说,如果应用程序在 Windows 开始菜单中有快捷方式,那么利用快捷方式启动程序时,QDir∷currentDir()获得的目录是开始菜单中的目录,类似"C:\ProgramData\Microsoft\Windows\Start Menu\Programs"。QCore Application∷applicationFilePath()函数一般情况下获取的是应用程序的真实目录,但笔者在编译过程中发现,如果系统环境出现某种未知配置变化的情况,那么这个函数就找不到应用程序目录了,这可能是 Qt 函数的 bug。经过调试,目前最佳方案是使用 QCoreApplication∷applicationFilePath()函数,建议大家直接使用。

最后在 dialog.h 中加入"♯include "updatebynetwork.h"",然后定义一个升级用的类变量 UpdateByNetwork * pUpdate,并在 dialog.cpp 中进行实例化:pUpdate = new UpdateByNetwork(),指定下载目录和文件名后开始下载。程序代码详见本书配套资料"sources\chapter03\01"。

3.3　程序自动升级

3.3.1　强制升级机制

读者在使用某些软件时常遇到"发现新版本,马上升级"的提示。对于一些程序,可以选择忽略提示,不进行升级。但有时,程序只给用户提供升级按钮,无法选择忽略提示的升级信息,这就是强制升级的机制。

强制升级主要出于两方面的原因:一是发现当前程序的主要 bug,必须升级补丁,否则程序运行会出现问题;二是程序某些关键功能模块需要进行更新,如果不升级,则软件的某些功能将不能使用,或者使用出错。

本书中的远程传输与控制系统使用了强制自动升级的策略,读者可以稍加改动将其改为可选的升级策略。

实现强制升级机制需要以下 3 个方面的内容:

- 程序启动时要从网络读取程序新版本信息。
- 读出的新版本信息要与本地程序版本号进行对比,并根据版本对比结果判断是否需要升级,如果需要则进入下一步。
- 锁定其他程序按钮,只允许用户单击升级按钮。单击后程序进入升级程序。

相关代码参见本书配套资料"sources\chapter03\02"。

3.3.2　系统实现

3.3.2.1　读取 INI 文件中的版本信息

读取版本信息包含两方面的内容:一是从网络中读取是否存在新版本程序,若有则读出新版本号;二是读取本地版本信息。

从网络中读取新版本程序很简单,可以在指定的某处网站保存一个 INI 文件,该文件内部存储最新程序版本号、程序升级区域限制及最新程序下载地址等。例如程序目录"sources\chapter03\02\ini\updateversion.ini"文件(详见本书配套资料),其关键部分如下:

```
[update]
updateZone = ALL
updateVersion = 2.0
```

updateZone 用于指定升级区域,不同区域用户可以根据自身情况选择是否允许升级,或升级不同区域新版本程序,这样易于进行区域控制。这里可以通过配置参数控制指定区域进行升级,如不同区域可通过设置区号进行区别,如设置参数为"010",表示 010 地区用户可进行升级;又如设置"010 024",表示这 2 个区域用户可进行升级;如果参数设为"ALL",则表示所有区域均可升级。

updateVersion 用于指定当前最新程序版本号。应用程序会读取 updateVersion 的数值,只有当它比用户当前程序的版本号大时,升级程序才会启动。

注意　使用时要将此 INI 文件放置到某网站目录下,供程序下载后读取。

3.3.2.2　设计本地信息 INI 文件

还需要将本地相关信息保存到 INI 文件中,这些信息一般包括当前程序的版本号、要从哪里(网址)下载升级程序等信息。本书中的程序带有这样的文件,例如程序文件"sources\chapter03\02\ini\config.ini"(详见本书配套资料),其核心部分如下:

```
[program]
userZone =
username =
userID =
version = 1.0
installedDir =

[update]
baseUrl = http://xxx.cn/release/
exeFileName = _update_setup_
versionFileName = updateversion.ini
updateLocalDir = update
```

[program]区块指定了程序相关的所有信息,包括用户的区域、用户名、用户 ID、当前程序版本号等。[update]区块定义从哪里下载升级 INI 信息文件,versionFileName 指定了要下载的 INI 文件名,即 updateversion.ini。updateLocalDir 指定了下载后的文件要放在哪个目录下。注意,这个值要作为参数传入前面的 mydir.mkdir(LOCALUPDATEDIR)函数,在程序目录中创建新的 update 目录,然后将升级的 EXE 文件下载到这里。最后 exeFileName 指定了要下载的 EXE 文件名,按照程序规则,会在这个文件名前加上用户区域信息段,在文件名后面加上版本号和".exe"后缀,形成类似"ALL_update_setup_2.0.exe"的文件名,然后在 http://xxx.cn/release/目录下下载该文件。

3.3.2.3　读写 My Documents 目录下的 INI 文件

本地信息 INI 文件可以由程序设计者自由选择目录存放,按照惯例,这类信息文件一般放在两个位置,一是应用程序所在目录,二是 Windows 常用的系统目录,如 My Documents 目录。本程序使用了后者,将其放在 My Documents 下面的一个子目录中,供程序读取。Qt 程序提取 Windows 系统的目录 My Documents 时分为两步:第 1 步是利用 QStandardPaths::standardLocations(QStandardPaths::DocumentsLocation)得到目录 My Documents 的字符串列表,第 2 步是从列表头部取出目录的字符串,代码如下:

```
//0.1 寻找系统 INI   //my documents/x /config.ini
QStringList slist = QStandardPaths::standardLocations(QStandardPaths::DocumentsLocation);
                                                                //第1步
QDir documentsDir = slist.at(0);                                //第2步
QString configIni = "/x /config.ini";
QString configIniWhole = documentsDir.path() + configIni;
```

因为读出的目录 My Documents 尾部没有"/",因此要在"/x /config.ini"头部加一个"/",形成完整的目录文件地址。

注意　使用 Qt 提取其他 Windows 系统目录时同样采用这两个函数,具体内容参见 QStandardPaths::standardLocations 函数的文档,文档中列出了十余种目录识别与读取选项。

从指定目录中读出 INI 文件之后,就要对 INI 文件的内容进行读取解析。

Qt 为读取 INI 文件提供了非常方便使用的类:QSettings,使用时仅需将 INI 文件名作为参数实例化该类,便可进行信息读取。参考代码如下:

```
//0.2 读入 INI
    QSettings configIniRead(configIniWhole, QSettings::IniFormat);
    //0.2.1 config
    curUserName = configIniRead.value("/program/username").toString();
    if (curUserName.isEmpty()) isLogin = false;
    else isLogin = true;
    curVersion = configIniRead.value("/program/version").toDouble();
    curInstalledDir = configIniRead.value("/program/installedDir").toString();
    QSettings configIniWrite(configIniWhole, QSettings::IniFormat);
    configIniWrite.setValue("/program/installedDir",QDir::currentPath().trimmed());

    //0.2.2 update
```

```
baseUrl = configIniRead.value("/update/baseUrl").toString();
exeFileName = configIniRead.value("/update/exeFileName").toString();
versionFileName = configIniRead.value("/update/versionFileName").toString();
updateDir = configIniRead.value("/update/updateLocalDir").toString();
isThereNewUpdate = false;      //先设置为 false,后面有比较版本号,如果大于当前版本,则被
                               //设置为 true
qDebug() << "---" << curVersion << "==" << curUserName << "==" << isLogin;
```

程序运行采用的措施为,用户登录后就将用户信息记录在本地 INI 文件中。如果 INI 文件中没有用户信息,则表示用户未登录。程序先读取 INI 文件中的用户信息,判断用户是否登录;然后读取升级相关的网址、升级文件名称、升级信息文件名称等;最后设定 isThereNew-Update 为 flase,等待后续如果有新版本程序,再将其设为 true。

需要注意的是,向 INI 文件写入信息同样非常简单,参见上述代码:"QSettings configIniWrite(configIniWhole, QSettings::IniFormat); configIniWrite.setValue("/program/installedDir",QDir::currentPath().trimmed());",通过定义另一个 QSetting 类实例,使用函数 setValue 对指定的 INI 区块写入信息即可。

接下来,程序开始根据升级文件的相关信息到指定网站下载升级的 INI 文件,下载后读取文件内容,然后进行版本号比较的逻辑判断。

3.3.2.4　逻辑判断

下载升级程序之前先要在相同网站上下载升级信息 INI 文件进行版本比较,下载的代码使用本程序的下载类实现。这也是对下载相关代码封装成类的原因,因为它们要被重复多次使用。

下载后的 INI 文件开始进行信息读取,进行版本比较,具体代码如下:

```
QString filename = updateDir + "/" + versionFileName;
QFile file(filename);
if (file.size() == 0) {
    QMessageBox::information(this, "升级", "升级文件检测失败,请检查您的网络是否正常。");
}
else {
    //打开文件,读版本号
    QSettings updateIniRead(filename, QSettings::IniFormat);
    QString updateZone = updateIniRead.value("/update/updateZone").toString();
    double updateVersion = updateIniRead.value("/update/updateVersion").toDouble();
    QString strUpdateVersion = updateIniRead.value("/update/updateVersion").toString();
    //qDebug() << "here" << updateVersion << updateZone << curUserZone;
    if (!curUserZone.isEmpty()
            && (updateZone.contains(curUserZone) || updateZone.contains("ALL"))
            && (updateVersion > curVersion)) { //同一区域,版本号不同
        isThereNewUpdate = true;    //不写 INI 文件,升级后由升级程序直接复制 my documents/config.ini
        QString tmpZone = updateZone.contains("ALL")? "ALL" : curUserZone;
        exeFileName = tmpZone + tmpExeFileName + strUpdateVersion + ".exe";
    }
```

```
    }
File.remove();
```

注意　只有当新版本大于当前版本，且用户已经登录、用户区域符合要求，或者升级文件指定区域为 ALL，允许所有区域用户升级时，isThereNewUpdate 才设置为 true。根据上述信息得到下一步要下载的 EXE 文件名为 exeFileName，然后根据这个文件名从网络中下载指定升级文件，开始升级。程序最后使用 File.remove()将升级信息 INI 文件删除，防止非法用户窃取相关信息。

3.3.2.5　开始下载

如果获得了指定升级文件的相关信息，那么就允许用户单击"升级"按钮实现升级。这需要程序界面(见图 2.4)配合，如果无新版本升级信息，则"升级"按钮变灰；如果有升级版本，则"升级"按钮点亮，其他按钮变灰不可用。具体代码如下：

```
if (isThereNewUpdate) {
        ui->label_Update->setText("发现新版本，请单击升级程序按钮，否则无法正常使用该
        程序。");
        ui->pushButton->setEnabled(false);
        ui->progressBar->hide();
}
else {
        ui->label_Update->setText("未发现新版本程序。");
        ui->pushButtonUpdate->setEnabled(false);
        ui->progressBar->hide();
}
```

ui->label_Update->setText 控制一个 Label 模块，用于显示提示文字信息。ui->push-Button->setEnabled 函数控制"升级"按钮，如果函数参数为 false，则按钮灰；如果函数参数设为 true，则按钮点亮。ui->progressBar->hide()函数隐藏进程条。有人可能有疑问，上述函数中为何无论是否有新版本都隐藏进程条呢？此处的目的是，只有单击"升级"按钮开始正式升级程序时进程条才亮，并通过 Qt 网络模块 connect 函数与下载升级文件的百分比关联。代码如下：

```
void Dialog::on_pushButtonUpdate_clicked()
{
    //显示进度条
    ui->progressBar->setValue(0);
    ui->progressBar->show();
    ui->label_Update->setText("正在下载升级程序，请稍候...");

    //升级程序
    UpdateByNetwork * pUpdateExeFile = new UpdateByNetwork();
    pUpdateExeFile->setBaseAddress(baseUrl);
    pUpdateExeFile->setDownloadFileName(exeFileName);
```

```
pUpdateExeFile->setlocalUpdateDir(updateDir);
pUpdateExeFile->startDownload();
connect(pUpdateExeFile->pReply, QNetworkReply::downloadProgress, this, myDownloadProgress);
while (!pUpdateExeFile->isDownloaded())
{            QCoreApplication::processEvents();
    //QThread::currentThread()->msleep(300);
    //QThread::currentThread()->yieldCurrentThread();//不放弃当前线程,让它执行 myFinished
}

QString exe = updateDir + "/" + exeFileName;
QFile exeFile(exe);
if (!exeFile.open(QIODevice::ReadOnly)) {
    QMessageBox::information(this, "升级", "下载升级程序失败,请检查网络是否连通。");
    exeFile.close();
    delete pUpdateExeFile;
    return;
}
else if (exeFile.size() < 4096){
    if (exeFile.size() == 0)    //未连接网络,下载的程序大小为 0
        QMessageBox::information(this, "升级", "下载升级程序失败,请检查网络是否
                            连通。");
    if (exeFile.size() < 4096)  //连接了网络,但下载源错误,下载了 2 KB 大小的文件(内容为
                            //tomcat 错误代码)
        QMessageBox::information(this, "升级", "下载升级程序失败,下载源不存在。请联系
                            客服。");
    exeFile.close();
    delete pUpdateExeFile;
    return;
}
}
```

读者参考程序代码时会发现,紧接上述代码下面是一个循环 while（!pUpdateExeFile->isDownloaded()）{},这段代码非常重要,没有这段代码,程序将无法正常运行。常见情况是升级程序还没下载完,主程序已经执行完,两者之间未实现同步。

关键信息——Qt 事件驱动

    Qt 程序体系的完成基于事件驱动,任何一个 Qt 程序,无论多小都有一个事件驱动的函数驱动消息传递、事件运行。读者打开任何一个 Qt 程序 main.cpp 文件都可以看到,return a.exec()函数就是一个事件驱动,它驱动这个程序依序执行。

    但当读者自定义类,且这个类要执行的是一个占用 CPU 较长的工作时,Qt 主程序和这个类的子程序之间就需要有一个同步过程,即主程序要等待子程序执行完后再执行其他主程序代码。这就需要读者自行定义一个事件驱动函数,使程序间实现同步,常用的为 QCoreApplication::processEvents()函数。实际上,这个函数一般情况下可以实现事件驱动和保持同步的功能,但在外面加一个循环更能保证程序的有效性。

    执行下载代码将升级 EXE 文件下载到程序指定目录,然后判断下载的 EXE 文件是否有效。常见的方法为,通过下载文件的大小是否为 0 来判断下载是否成功,如 if(exeFile.

size()==0)代码。但有时在 tomcat 服务器下载文件时,如果文件不存在,那么将返回一个大小约为 2 KB 的信息文件,因此在此进行了补充判断 else if (exeFile. size() < 4096)。这里给出的"4096"可以由读者自行修改,只要它大于 2 KB 即可。

需要说明的是,有时根据网络传输状况,一个 EXE 文件尚未完全下载,Qt 程序就给出完成下载的信息。整个过程完全合法,没有错误,但就是下载的 EXE 文件不完整,当然该 EXE 文件就无法使用。这是 Qt 的 bug,如果要修改,那么就需要对封装的下载类代码进行扩充:一是运用多线程技术分块下载,在较差的环境下仍能以较快的速度进行下载;二是使用多次检验技术,反复判断 Qt 函数返回的数据是否完整、准确,如反复调用 void myDownloadProgress (qint64 bytesReceived, qint64 bytesTotal)函数,确定获取的下载文件字节数是否正确。网上有相关代码,读者可以自行获取、改进,本书不再进行详细讲述。

3.3.2.6　启动进程外 EXE 文件完成升级

下载的升级程序是 EXE 格式可执行文件,要完成升级还需要两个步骤:一是启动这个 EXE 程序;二是关闭当前运行的应用程序,等待文件覆盖,完成升级。相关代码如下:

```
//已下载:执行升级程序,关闭当前程序
qDebug() << " EXE 已下载";
delete pUpdateExeFile;
ui ->label_Update ->setText("升级程序下载完毕。");
ui ->progressBar ->hide();
ui ->pushButtonUpdate ->setEnabled(false);
QMessageBox::information(this, "升级", "下载升级程序成功,单击确定按钮开始升级。\n\n单击确定按钮后,将关闭当前程序并启动升级程序。");
QProcess::startDetached(updateDir + "/" + exeFileName);
//QProcess::startDetached("update/xjx_jxs_setup.exe");
qApp ->quit();
```

升级程序下载完成后,首先有一些附加的工作需要处理,如隐藏升级进度条、Label 字段显示提示信息等;然后会显示一个对话框,该对话框使用 Qt 提供的 QMessageBox::information 实现,非常简单方便,这是 Qt 程序设计中最常用的对话框。另外还有 QMessageBox:: warning 等,感兴趣的读者可自行查阅 Qt 文档。

显示这个对话框不仅仅是提示用户程序下载完毕,因为在 Label、进度条等处已经进行了提示,该对话框的另一个重要作用是在用户单击后,执行进程外的 EXE 升级文件以完成升级。

执行进程外的 EXE 进程使用 Qt 提供的 QProcess::startDetached 函数,该函数非常简单,只需将要执行的 EXE 文件名作为参数输入即可完成。注意,startDetached 在执行 EXE 进程后将与之解除关联,这正是我们需要的功能。相关的函数还有 QProcess::start 等,可以通过参数配置使当前应用程序与执行的进程外程序保持进程间通信,感兴趣的读者可以查看相关文档。

最后使用"qApp ->quit();"退出当前应用程序,让升级程序覆盖旧文件,更新新文件。有的读者可能会有疑问,如果不退出当前应用,由升级程序接管升级过程是否可行呢?答案是肯定的,但存在一定隐患,例如,某些文件因为被当前应用程序锁住而无法被覆盖更新,会导致升级失败。这些内容主要取决于升级程序的能力,设计良好的升级程序可提示重新启动,完成这些被锁定文件的覆盖更新。

第 4 章
通用跨语言层远程网络通信

4.1 远程调用与通信

自计算机程序语言出现以来,人们普遍对计算机程序语言抱有两个殷切希望:一是设计出的程序模块具有高度的独立性、通用性,可以像积木一样,相互拆配、相互调用组合在一起,形成新的程序,实现新的功能;二是软件工程的终极梦想,由计算机本身编写这些功能独立的程序模块,一方面彻底解决程序员手工编写代码时不可避免出现 bug 的问题,另一方面可以让程序员节省更多的时间与精力,集中解决一个个特殊的业务需求,以及更佳视觉效果与人性化的程序接口问题。

总体来说,虽然距离实现这两个希望仍有较大距离,但一代一代的程序语言设计者们、编译器设计者们、软件工程研究者们以及众多的程序员们,都在朝着这两个目标前进。在模块化程序设计方面,面向对象程序设计理念与许多当代计算机语言支持的组件功能,都是具有历史意义的研究成果。到目前为止,可以看到的不同程序语言编写的不同功能的程序模块和组件已难以计数,但出于某些原因,有的程序模块有版权限制不能随意使用;有的程序模块的功能与需求并非完全一致;有的程序模块代码质量不高有安全隐患;有的程序模块符合功能要求,却湮没在无穷尽的网络资源中,没有被有需求的用户发现,否则,模块化程序设计会取得更快和更好的发展。

目前,在实现模块化程序方面已经取得阶段性成果,模块化程序设计以独立软件模块之间的调配、组合、通信等为主要模式,主要包括同一操作系统内部的进程间通信、互留指定接口的网络间通信和通用的跨语言层网络通信 3 种类型,下面将分别进行介绍。

4.1.1 进程间通信

在早期,常见操作系统内部进程与进程之间的通信,它们一般通过操作系统提供的"管道"或共享的内存空间来实现进程间的相互调用、变量共享、参数传递与返回码的获取。

常见的进程间通信有以下几种:

(1)无名管道

无名管道是一种半双工的通信方式,数据只能单向流动,而且只能在具有亲缘关系的进程间使用。在这里,进程的亲缘关系通常是指父子进程关系,即父子进程之间通过该管道进行单向数据通信。

(2)高级管道

把另外一个程序当作一个新的进程在当前程序进程中启动,则该程序算是当前程序的子进程,这种方式一般被称为高级管道方式。它与无名管道的主要区别在于,即使不是父子进程的关系,也可以通过这种管道通信。

（3）有名管道

有名管道也是半双工的通信方式,即进程通信时,一个既定时间内只允许一个进程向另一个进程单向通信,这个时间段过后,才允许另一个进程向它反向通信。有名管道允许无亲缘关系进程间的通信。

（4）信号量

信号量是一个计数器,可以用来控制多个进程对共享资源的访问。它常作为一种锁机制,防止某进程正在访问共享资源时其他进程也访问该资源。因此,信号量主要作为进程间以及同一进程内不同线程之间的同步手段。

（5）信　号

信号是一种比较复杂的通信方式,用于通知接收进程某个事件已经发生。

（6）消息队列

消息队列是由消息的链表存放在内核中并由消息队列标识符标识的。要通信的进程将消息放到消息队列中,操作系统从消息队列中提取消息,将消息发送给指定进程。消息队列克服了信号传递信息少、管道只能承载无格式字节流以及缓冲区大小受限等缺点。

（7）共享内存

共享内存就是映射一段能被其他进程所访问的内存,这段共享内存由一个进程创建,但可以被多个进程访问。共享内存是最快的 IPC 方式,是针对其他进程间通信方式运行效率低而专门设计的。它往往与其他通信机制,如信号量,配合使用,来实现进程间的同步和通信。但共享内存是导致应用程序安全性降低的重要原因之一,黑客可以利用共享内存找到攻击应用程序的入口。

（8）套接字

套接字也是一种进程间通信机制。与其他通信机制不同的是,套接字可用于不同机器间的进程通信,即一个机器的进程通过网络与另外一台机器的进程实现通信。这也是下面将介绍的网络间通信。

4.1.2　网络间通信

4.1.2.1　通信协议

进程间通信一般仅限于本机进程之间通信。不同机器间的进程如果通过网络通信,如网络间进程的通信,则需要先解决不同主机进程间的定位问题。为此,首先要对网络间进程给出明确且唯一的标识。在同一主机上,不同进程可用进程号唯一标识。但在网络环境下,各主机独立分配的进程号却不能唯一标识该进程。例如,主机 A 赋予某进程 95 号,但在主机 B 中也可以存在 95 号进程,因此,"95 号进程"不能唯一标识网络间的进程,容易引起混乱。这时,要使用网络协议对通信进程所在主机给出唯一标识,采用"主机标识∷进程标识"的形式,在网络中唯一标识进程。只要主机标识在网络中唯一,那么在该主机上,其进程标识也是唯一的,故"主机标识∷进程标识"可以在网络上唯一确定一个进程。

要在网络上唯一确定一个主机,也不是一件容易的事情。好在有许许多多的能人已经为我们提供了多种解决方案,TCP/IP 网络协议就是其中一种。在 TCP/IP 网络协议中,网络层 IP 地址可以唯一标识网络中的主机,而传输层的"协议∷端口"可以唯一标识主机中的应用程序（进程）。这样利用三元组"IP 地址∷协议∷端口"就可以标识网络的进程了,网络中的进程通信就可以利用这个标志与其他进程进行交互。TCP/IP 网络中的通信体系结构如图 4.1 所示。

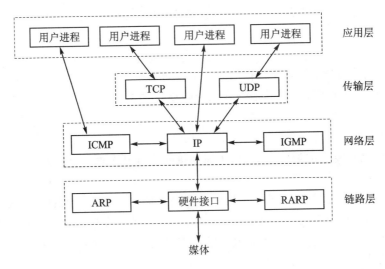

图 4.1　TCP/IP 网络通信体系结构图

除了 TCP/IP 网络协议之外,操作系统还支持众多不同类型的网络协议,其中,不同协议的工作方式不同,地址格式也不同。因此,网络间进程通信还要解决多重协议的识别问题。但是这个问题不需要用户过多地考虑,因为网关等设备可以自动地将不同协议的网络通信数据转换为用户自己的主机所在网络所支持的协议。

4.1.2.2　通信程序与语言

要在应用程序中调用协议提供的功能则需要使用 Socket 软件包。

Socket 起源于 Unix,最早的版本是使用 C 语言实现的。Socket 是应用层与 TCP/IP 协议簇通信的中间软件抽象层,它是一组接口。在程序设计中,Socket 其实就是一个封装接口,它把复杂的 TCP/IP 协议簇隐藏在接口后面。对用户来说,只要使用 Socket 简单的接口函数就可以驱动网络协议进行网络间进程通信,为用户提供便捷服务。

以 TCP 通信为例,Socket 程序设计的体系架构如图 4.2 所示。

(1) C 语言中的 Socket

使用 C 语言实现 Socket 通信一般包括 2 个文件,一个是客户端 client.c,另一个是服务器端 server.c。

客户端 C 语言程序代码如下:

```
//client.c
# include "stdafx.h"
# include <WINSOCK2.H>
# include <STDIO.H>


int main(int argc, char * argv[])
{
    WORD sockVersion = MAKEWORD(2,2);
```

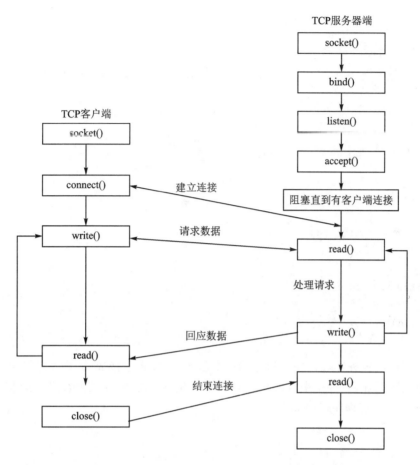

图 4.2   TCP 通信中 Socket 程序设计的体系架构

```
WSADATA data;
if(WSAStartup(sockVersion, &data) ! = 0)
{
    return 0;
}


SOCKET sclient = socket(AF_INET, SOCK_STREAM, IPPROTO_TCP);
if(sclient == INVALID_SOCKET)
{
    printf("invalid socket !");
    return 0;
}


sockaddr_in serAddr;
serAddr.sin_family = AF_INET;
serAddr.sin_port = htons(5678);
serAddr.sin_addr.S_un.S_addr = inet_addr("127.0.0.1");
if (connect(sclient, (sockaddr * )&serAddr, sizeof(serAddr)) == SOCKET_ERROR)
```

```
{
    printf("connect error !");
    closesocket(sclient);
    return 0;
}
char * sendData = "Hello!\n";
send(sclient, sendData, strlen(sendData), 0);

char recData[255];
int ret = recv(sclient, recData, 255, 0);
if(ret > 0)
{
    recData[ret] = 0x00;
    printf(recData);
}
closesocket(sclient);
WSACleanup();
return 0;
}
```

客户端程序向服务器端程序在指定端口发起连接,如果连接成功,则发送数据。服务器端程序是一个无限循环,它等待来自网络不同区域的客户端连接,并根据客户端请求做出反应。

服务器端 C 语言程序代码如下:

```
//server.c
# include "stdafx.h"
# include <stdio.h>
# include <winsock2.h>

int main(int argc, char * argv[])
{
    //初始化 WSA
    WORD sockVersion = MAKEWORD(2,2);
    WSADATA wsaData;
    if(WSAStartup(sockVersion, &wsaData)! = 0)
    {
        return 0;
    }

    //创建套接字
    SOCKET slisten = socket(AF_INET, SOCK_STREAM, IPPROTO_TCP);
    if(slisten == INVALID_SOCKET)
    {
        printf("socket error !");
        return 0;
    }
```

```
//绑定 IP 和端口
sockaddr_in sin;
sin.sin_family = AF_INET;
sin.sin_port = htons(5678);
sin.sin_addr.S_un.S_addr = INADDR_ANY;
if(bind(slisten, (LPSOCKADDR)&sin, sizeof(sin)) == SOCKET_ERROR)
{
    printf("bind error !");
}


//开始监听
if(listen(slisten, 5) == SOCKET_ERROR)
{
    printf("error !");
    return 0;
}


//循环接收数据
SOCKET sClient;
sockaddr_in remoteAddr;
int nAddrlen = sizeof(remoteAddr);
char revData[255];
while (true)
{
    printf("Waiting...\n");
    sClient = accept(slisten, (SOCKADDR *)&remoteAddr, &nAddrlen);
    if(sClient == INVALID_SOCKET)
    {
        printf("accept error !");
        continue;
    }
    printf("Accept:%s \r\n", inet_ntoa(remoteAddr.sin_addr));

    //接收数据
    int ret = recv(sClient, revData, 255, 0);
    if(ret > 0)
    {
        revData[ret] = 0x00;
        printf(revData);
    }

    //发送数据
    char * sendData = "Hello\n";
    send(sClient, sendData, strlen(sendData), 0);
```

```
            closesocket(sClient);
    }

    closesocket(slisten);
    WSACleanup();
    return 0;
}
```

程序运行时,客户端与服务器端交互,通过指定端口实现通信。

(2) Java 语言中的 Socket

Java 语言也对 Socket 进行了封装,以下面 Java Socket 编程的简单例程来看程序交互的结构特点。

客户端 Java 语言程序代码如下:

```java
import java.net. * ;
import java.io. * ;
public class Client{
static Socket server;
    public static void main(String[] args)throws Exception{
        server = new Socket(InetAddress.getLocalHost(),8888);
        BufferedReader in = new BufferedReader(new InputStreamReader(server.getInputStream()));
        PrintWriter out = new PrintWriter(server.getOutputStream());
        BufferedReader wt = new BufferedReader(new InputStreamReader(System.in));
        while(true){
            String str = wt.readLine();
            out.println(str);
            out.flush();
            if(str.equals("end")){
                break;
            }
            System.out.println(in.readLine());
        }
        server.close();
    }
}
```

服务器端 Java 语言程序代码如下:

```java
import java.io. * ;
import java.net. * ;
public class MyServer {
    public static void main(String[] args) throws IOException{
        ServerSocket server = new ServerSocket(8888);
        Socket client = server.accept();
        BufferedReader in = new BufferedReader(new InputStreamReader(client.getInputStream()));
        PrintWriter out = new PrintWriter(client.getOutputStream());
```

```
    while(true){
        String str = in.readLine();
        System.out.println(str);
        out.println("has receive.");
        out.flush();
        if(str.equals("end"))
            break;
    }
    client.close();
    }
}
```

（3）Python 语言中的 Socket

由于 Python 语言具有简单易用、模块丰富的特点，所以已经逐渐成为当代计算机的主流程序。Python 语言也支持 Socket。下面是一个简单的客户端/服务器端程序结构。

客户端 Python 语言程序代码如下：

```
from socket import *

HOST = '127.0.0.1'
PORT = 22222
BUFSIZE = 1024
ADDR = (HOST, PORT)

tcpCliSock = socket(AF_INET, SOCK_STREAM)
tcpCliSock.settimeout(5)
tcpCliSock.connect(ADDR)

while True:
    data = input('> ')    #
    if not data:
        break
    tcpCliSock.send(bytes(data, 'utf-8'))      # python 3.5 +
    # tcpCliSock.send(data)                     # python 2 +
    data = tcpCliSock.recv(BUFSIZE)
    if not data:
        break
    print(data.decode('utf-8'))
tcpCliSock.close()
```

服务器端 Python 语言程序代码如下：

```
from socket import *
from time import ctime

HOST = "127.0.0.1"
PORT = 22222
```

```
BUFSIZE = 1024
ADDR = (HOST, PORT)

# tcpSock = socket.socket(socket.AF_INET, socket.SOCK_STREAM)
tcpSerSock = socket(AF_INET, SOCK_STREAM)
tcpSerSock.bind(ADDR)
tcpSerSock.listen(5)

while True:
    print("等待 Host: waiting connection ..")
    tcpCliSock, tcpCliAddr = tcpSerSock.accept()
    print("connected, from: ", tcpCliAddr)
    while True:
        data = tcpCliSock.recv(BUFSIZE)
        if not data:
            break
        tcpCliSock.send((bytes('[' + ctime() + '] ', 'utf-8') + data))   # python 3.5+
        # tcpCliSock.send(ctime() + data)                   # python 2+
    tcpCliSock.close()
tcpSerSock.close()
```

在上面的程序中,无论是 C 语言、Java 语言,还是 Python 语言,都支持 Socket,而且程序结构大多相似。一般是服务器端程序绑定一个端口号,然后启动 Socket,进入无限循环,等待客户端程序连接。而客户端程序则根据服务器端程序的主机地址与端口号,主动连接服务器程序。一旦连接建立,双方就可以通过一个指定大小的缓冲实现信息交互,即完成通信。

可以说,只要遵循一定的流程,就可以写出标准的客户端/服务器端程序,程序设计难度不大。但细心的读者可能发现,上面所有客户端代码与对应的服务器端代码均是使用同一种语言编写的,能不能使用不同的语言实现 Socket 或者网络通信呢? 如果可以,那么程序设计的灵活性将会大大提升,也能间接促使熟悉不同语言的程序设计工程师们相互合作,共同完成一个复杂的功能程序。

下面将介绍关于跨语言的程序通信。

4.1.3　跨语言通信

4.1.3.1　可执行程序层跨语言通信

实际上,有一种跨语言的网络通信,大多数读者都见到过,或者使用过,这就是可执行程序层的跨语言程序通信。或者直白一些地说,就是服务器端程序无论是哪种语言,最后都生成了 server.exe,客户端程序也是如此,无论是哪种语言,最后都生成了 client.exe。客观地说,只要两个程序经过调试,它们就完全可以通过主机"地址∷端口"号相互通信,实现跨语言的网络通信。例如,服务器端程序用 C 语言编写,客户端程序用 Java 语言编写或 Python 语言编写,只要准确地指定主机地址和端口号,它们之间也可以实现通信。这是因为,一方面在网络通信层面,即 TCP/IP 协议层面,计算机程序只认协议允许的数据包、包头和源、目的地址,这些数据包及其结构完全独立于程序设计语言,与具体的程序设计语言无关,因此可以实现跨语言通信;另一方面,对于任何可执行程序而言,最终编译成为 EXE 或其他可执行代码(如 Java 语言的.class 文件)后,CPU 执行的都是二进制的机器语言(Java 的.class 文件也要通过 JVM 最终转换成为二进制机器语言,由 CPU 执行)。由此可以实现跨语言的程序通信。

有的读者在这里可能会产生疑问,如果这就是跨语言网络通信,那么并不需要用户做具体工作,都交给网络协议和编译器代劳即可。然而,可执行代码层的跨语言通信虽然实现比较简单,但灵活性不强。程序设计工程师在实现程序间通信时,能够掌握的信息只有双方的主机地址和端口号,程序中要调用的函数的参数接口和返回值,甚至具体变量的信息都无法获得,尚不能满足大型复杂程序设计的需求。

两种可替代的跨语言通信是下面要叙述的链接库层跨语言通信与代码层跨语言通信。

4.1.3.2　链接库层跨语言通信

如果读者了解计算机发展历史,就会发现很多技术的演变沿革均遵从应用需求的发展变化规律。在计算机发展的早期,为解决可执行代码层通信不够灵活的问题,产生了动态链接库技术,使用一种语言编译生成的动态链接库,完全可由其他语言编写的应用程序调用。而且,在调用动态链接库时,可以直接指定所调用的动态链接库的函数,包括函数的参数、返回值等,均可在主调程序中灵活处理,为应用程序设计提供了便利,使得跨语言层通信的灵活性得到提升。

常见操作系统均支持动态链接库技术,Windows 操作系统家族中的是 DLL 文件(* .dll),Unix/Linux 操作系统家族中的是.a 文件(* .a)。

经验分享——静态链接库与动态链接库

实际上,动态链接库的产生不经意间走了两条技术发展的道路,但殊途同归,最终实现的动态链接库技术解决了两种技术道路上的全部问题。

第一条就是由静态链接库技术发展到动态链接库技术的道路。在早期刚发明程序设计语言时,编译器的功能比较简单直白,就是要把程序设计语言代码翻译成机器码,供CPU 执行。程序设计者把代码写好后进行编译,那时计算机还比较原始,运行速度很慢,编译一个稍微复杂的程序就要很长时间,至于大型程序,编译时间就会更长。

但这里有一个问题,就是程序设计不是一蹴而就的工作,需要不断地修改、编辑,而每次修改编辑后都要经过一个漫长的编译过程,这是程序设计者们所无法接受的。

好在那时的程序设计者都非常厉害,因为他们同时也是程序语言的发明者、编译器程序的设计者和实现者。他们很快达成共识,就是把大型、复杂的程序分段,分成若干小文件,而编译一个小文件的时间会短一些,并且如果某个小文件被修改了,则只需要重新编译这个文件即可,而其他小文件则不需要重新编译,这样就大大提高了效率,节省了编译时间。但这样做又产生了另一个问题,就是编译器无法将一个一个的小文件直接编译成机器码,因为它们不是完整的功能程序。然而要解决这个问题就更简单了,这些程序设计者们在程序源文件与机器码文件之间发明了一种中间过渡格式文件,这种过渡文件就是静态链接库。为什么叫“链接库”呢? 这是因为每个小文件的源代码翻译成中间格式的过渡文件后,要把它们全部链接在一起,最终形成完整的机器码文件,因此称为链接库文件。为什么叫“静态”呢? 这是因为要与后来的“动态”链接库加以区分。

"动态"链接库后来也被发明出来了。这是因为程序设计者们发现,链接库是个好东西,但只用在编译器链接程序上有些大材小用。同时,有些公用的代码库(如数学库、字符串处理库)编译后直接链接到机器码文件 EXE 上,这样许多不同的 EXE 文件其实都使用了部分相同的库代码。而早期计算机存储空间一般都非常小,20 世纪 80 年代一个硬盘一般只有 8 MB 左右,甚至在 90 年代,笔者在 1995 年购买的计算机硬盘才 200 MB。因此,节省硬盘空间是非常紧迫的问题。最后的解决方案是,将公共代码库独立成为动态链接库,EXE 程序本身不再包括那么多公共代码库,而是在程序运行时通过操作系统定位动态链接库来执行其中的功能。这就是动态链接库产生的第一条技术道路。

第二条技术道路就是上述的跨语言的程序通信。因为动态链接库由应用程序运行时调用,而运行的应用程序是完完全全的机器码,因此动态链接库也由机器码组成,完全摒弃了程序设计语言的特点。因此,对某个动态链接库来说,无论是由何种语言生成的,均可由任意应用程序调用。这也就实现了跨语言的程序调用。

下面以一个 VC++程序调用 Qt 生成的 DLL 为例,让读者了解跨语言通信的特点与灵活特性。Qt 程序调用第三方 DLL 的相关内容将在第 5 章进行详细介绍。

(1) Qt 创建 DLL 程序

首先使用 Qt 生成一个简单的 DLL。

打开 Qt 主程序,选择"文件"→"新建项目"菜单项,在弹出的对话框中的"项目"列表框中选择 Library,接着在中间的列表框中选择"C++库",然后单击"确定",如图 4.3 所示。最后输入工程名字 dll。

图 4.3 使用 Qt 创建 DLL

打开 dll.pro 文件,具体代码如下:

```
Qt -= gui

TARGET = dll
TEMPLATE = lib

DEFINES += DLL_LIBRARY

SOURCES += dll.cpp

HEADERS += dll.h\
        dll_global.h

unix {
    target.path = /usr/lib
    INSTALLS += target
}
```

注意　在一般应用中, TARGET = exe, TEMPLATE = app, TARGET = dll, TEM-PLATE=lib 说明编译的结果不再是 EXE 格式的应用程序, 而是动态链程序。当然, 此处无需再做修改。

在上述代码中, dll_global.h 由系统自动生成, 无需改动, 只需要对 dll.h 和 dll.cpp 两个文件进行修改, 将功能代码放在这里。

为演示程序, 此处仅提供一个简单的功能, 即整数型的加函数(int myadd(int a, int b)), dll.h 代码如下:

```
//dll.h
#ifndef DLL_H
#define DLL_H

#include "dll_global.h"

class DLLSHARED_EXPORT Dll
{

    public:
    Dll();
};

extern "C" DLLSHARED_EXPORT int myadd(int a, int b);
#endif // DLL_H
```

注意　在 dll.h 中仅定义了 myadd 函数的头文件, 但函数前缀比较复杂, 包括"extern "C" DLLSHARED_EXPORT"。其中, "extern "C""表示在生成的 dll.h 文件中, 所提供的功能函数 myadd 以传统 C 语言格式出现, 即以标准 C 函数格式出现。如果不设定这个属性, 则在生成的 dll 文件中, 函数名将以 C++类的形式出现, 那将非常难以操作。

DLLSHARED_EXPORT 是 Qt 程序要求的前缀，直接加上，不做改动。

现在根据头文件要在 dll.cpp 中实现 myadd 函数的功能，代码如下：

```
//dll.cpp
# include "dll.h"

Dll::Dll()
{
}
int myadd(int x, int y)
{
    return x + y;
}
```

由上述代码可以看到，myadd 函数的功能非常简单，就是把整型参数加起来返回。整个程序代码参见本书配套资料"sources\chapter04\dll"。

（2）VC++程序调用 DLL

下面将介绍 VC++程序是如何调用这个 DLL 的。VC++程序代码参见本书配套资料"sources\chapter04\testDLL"，VC++程序版本为 Visual Studio 2010 及以上版本。

新建普通工程，然后在程序代码中加入调用 DLL 的代码，具体如下：

```
// testDll.cpp：定义控制台应用程序的入口点
//

# include "stdafx.h"
# include <iostream>
# include<windows.h>
using namespace std;

int _tmain(int argc, _TCHAR * argv[])
{
    HINSTANCE hdll = LoadLibrary(L"dll.dll");
    typedef int(_stdcall * lpFN)(int,  int );
    lpFN FN;
    FN = (lpFN)::GetProcAddress(hdll, "myadd");
    int nResult = FN(15, 2);
    FreeLibrary(hdll);

    cout << nResult << endl;

    system("pause");
    return 0;
}
```

注意　编译程序前要把上面 Qt 生成的 dll.dll 文件复制到 VC++程序能识别的目录中，如与要调用 DLL 的 EXE 文件同目录，或 C:\windows 目录等。

程序首先使用"LoadLibrary(L"dll.dll");"动态加载外界的 DLL 程序,将句柄返回给 hdll 变量。

然后利用"typedef int(_stdcall * lpFN)(int, int)"定义一个函数指针 lpFN。注意,定义的函数指针一定要与要指向的函数,即 myadd 函数参数完全相同,否则将无法访问 myadd 函数。myadd 函数有 2 个整型参数,所以 lpFN 也定义了 2 个整型参数(int, int)。

接着"lpFN FN;"语句定义了一个函数指针变量 FN,然后调用 GetProcAddress 函数从 hdll 句柄中找到 myadd 函数的指针地址,并将地址赋值给变量 FN。此时,FN 指向了 myadd 函数,调用 FN 即调用了 myadd 函数,所以 FN(15, 2)的返回值就是 15 与 2 的和——17。

最后调用 FreeLibrary 函数释放 dll 句柄 hdll。

在链接库层实现跨语言通信,相比可执行程序层的跨语言通信,在函数名称、参数及调用细节方面都增强了灵活性。但在开发复杂程序时,为提高效率,大多数程序都不希望经过链接库层的过渡,而是希望直接对接目标函数。也就是说,希望能够像调用自定义的函数一样,直接调用使用其他语言实现的函数。这就是下面将要重点讲解的跨语言通信,即代码层跨语言通信。

4.1.3.3　代码层跨语言通信

代码层跨语言通信,是指程序开发时,像调用自定义函数一样直接调用利用另一种语言编写的函数代码。在调用过程中,既不需要先把两种语言代码编译成 EXE 的二进制格式,也不需要通过中间动态链接库实现中转调度,而是在代码层直接进行函数调用。

在某种意义上来说,代码层跨语言通信提供了最高的灵活性,实现了多种语言程序设计者各自使用所熟悉的语言共同开发应用程序的目的,影响深远,意义重大。

在代码层跨语言通信方面,有一些比较成熟的技术,包括 Java 的远程过程调用(RMI)、通用的 Web Service(Web 服务)技术、比较新的轻量级协议 Hessian 等,下面将分别进行讲解。

4.2　代码层跨语言通信协议

4.2.1　Java RMI

Java RMI 是一种远程方法调用技术,RMI(Remote Method Invocation)在功能上允许某个 Java 虚拟机对象可以像调用本机 Java 方法或对象一样,调用网络中任何位置的 Java 虚拟机中的方法或对象,而且整个过程对用户来说是透明的。

Java RMI 远程方法调用的步骤如下:

① 客户机对象调用客户机端的客户端辅助对象,在其上执行所需的方法;

② 客户机端辅助对象将方法调用的信息打包,这些信息一般包括方法名、参数、变量、返回类型等信息,然后将信息包通过网络发送给服务器端辅助对象;

③ 服务器端辅助对象接收客户机端发送的信息包,解包后解析出所调函数的具体信息,包括方法名、参数、返回类型等;

④ 服务器端辅助对象通过服务器对象调用该方法,并将返回结果返回给服务器端辅助程序;

⑤ 服务器端辅助对象将返回信息打包,返回给客户机端辅助对象;

⑥ 客户机端辅助对象接收信息包,解包解析后将返回值返回给客户机对象;

⑦ 到此完成远程方法调用。

由于上述客户机端辅助对象与服务器端辅助对象对用户透明,因此,对用户和程序设计者而言,无论程序所调用的方法位于本机还是网络上某处,程序都无需任何调整。这样就实现了代码层的网络通信。

但是由于 Java RMI 的运行依赖于 Java 远程消息交换协议 JRMP,而该协议目前仅支持 Java 虚拟机,因此到目前为止,要使用 Java RMI,客户机与服务器端的程序代码均须为 Java。这也是 Java RMI 的缺点之一。

Java RMI 是在代码层远程通信协议领域中较早提出的技术之一,虽没有得到广泛应用,但为后来的远程通信与交互协议的提出给出了良好范本。这些后来出现的且得到广泛应用的远程协议就包括非常著名的 Web Service。

4.2.2　Web Service

Web Service(Web 服务)也是较早提出的跨语言远程通信与交互协议,其主要目的是整合有效资源,提高效率。当时网络上存在着使用各种语言编写的、比较成熟的代码与模块,但受限于语言的区别,这些模块并不能被充分利用。即使有成熟的软件模块,但如果用户使用的是不同的程序语言,那么用户还得重新编写,一方面浪费了人力物力,另一方面也可能在重新编写代码时产生错误。对于软件科技的发展而言,这是必须要避免和克服的问题。

为此,Web 服务继 Java RMI 之后被科技工作者发明并提出,因为它基于 Web 平台和当时非常流行的 XML 交换技术,所以一出现就得到了广泛的好评和应用。实际上,从概念上讲,Web 服务是一种平台独立、跨语言、低耦合、自包含的 Web 应用程序。一个完整的 Web 服务包括功能实现、功能描述、远程调用三大部分。

Web 服务技术允许运行在不同机器上、用不同程序语言编写的应用程序,无需借助复杂的第三方软件或硬件,就可以像调用本地方法一样调用远程的功能函数,实现数据交互与集成。依据 Web 服务规范实施的应用程序,无论使用何种语言,运行在何种平台上,只要支持标准 XML 格式信息接口,就可以方便快捷地交换数据信息,实现代码层远程通信。

Web 服务的推行得益于近年来 Internet 的迅猛发展。目前,Internet 为广大用户提供了基于全球范围的信息交互与资源共享,采用 B/S 结构的 Web 应用程序已经成为当前网络环境下的事实标准,无可替代。Web 应用程序的盛行带动了基于 HTML、XML、Web 服务器等技术的发展,同时也推动了基于 XML 和 Web 应用的 Web 服务技术的快速发展,促使其成为构造分布式、模块化网络应用程序的新技术和大趋势。

4.2.2.1　Web Service 功能实现

Web Service 功能实现是指应用程序基于 Web 服务规范实现的具体功能和方法,这些功能和方法通过 Web 服务的功能描述后可以发布到网络上,供用户调用。

下面以一个返回字符串信息的函数为例,给出简单示例,具体代码如下:

```
package mytest;

public class HelloWorldService {
    public String getMessage(String callername) {
```

```
        return "hello " + callername + "!";
    }
}
```

这些代码是笔者早年基于 Web 服务早期版本编写的简单示例。由于本书重点讨论的是 Qt 语言与程序设计,因此具体相关代码与新版本 Web 服务程序的兼容性与其他调试工作请读者自行完成。

上述代码实现了 HelloWorldService 类,这个类是一个简单的 Web 服务类,提供的功能只有一个,即 getMessage 方法将调用者给出的参数返回给调用者。

4.2.2.2　Web Service 功能描述

Web Service 功能描述用来描述方法所具备的功能,以及调用方法的具体参数、返回值等信息。整个功能描述由基于 XML 技术的 WSDL 语言描述。

WSDL 是一种基于 XML 的扩展语言,主要用于以机器阅读的方式提供一个正式描述文档,该文档包括 Web 服务的所有方法、函数及参数、返回值等信息。

由于 WSDL 是基于 XML 技术的描述语言,因此,它既是机器可读的,也允许人直接阅读。

一个示例性质的 WSDL 文档如下:

```
＜isd:service
    xmlns:isd = "http://xml.apache.org/xml－soap/deployment"
    id = "urn:mytest:HelloWrldService" checkMustUnderstands = "false"＞
    ＜isd:provider type = "java" scope = "Request" methods = "getMessage"＞
        ＜isd:java class = "mytest.HelloWrldService" static = "false"/＞
    ＜/isd:provider＞
＜/isd:service＞
```

描述文档中,id 值首先指向定义的 mytest:HelloWrldService 类,然后在＜isd:provider/＞标签中指定要调用的方法是 getMessage。如果有多个方法要描述,则这里就增加多个＜isd:provider/＞标签。

4.2.2.3　Web Service 远程调用

现在已经实现 Web 服务功能模块和功能描述,对用户而言只剩下两个工作:一是怎样找到这个功能,二是找到了该功能后怎样调用它。

(1) 使用 UDDI 注册服务发现远程功能模块

要找到这些功能,首先必须注册这些功能,而注册需通过 UDDI 协议实现。UDDI 是一套基于 Web 的、分布式信息注册中心实现标准规范,其主要目的是为电子商务建立标准,为 Web 服务提供支持。UDDI 可以为企业和服务提供者提供标准接口,用来注册企业和服务提供者完成的功能。只有注册的 Web 服务功能才能使别的企业和用户发现并使用。

(2) 使用 SOAP 协议调用远程功能模块

在 Web 服务中使用简单对象访问协议(Simple Object Access Protocol,SOAP)实现远程方法调用。SOAP 是一种基于 XML 技术的轻量级协议,它为描述信息内容和如何处理信息内容定义了框架,定义了将程序对象编码成 XML 对象的规则,最后通过 RPC 完成远程调用。

SOAP 可以运行在大多数传输协议上,包括 HTTP 等,甚至可在 SMTP 邮件协议中使用 SOAP,将 SOAP 信息封装在邮件包中。使用 SOAP 实现的 Web 服务可以实现平台独立与语言独立的功能,软件应用程序、网站及各种设备之间只要服从 Web 服务规范,即可实现“基于 Web 的无缝集成”,完成远程通信与交互。

SOAP 服务调用示例代码如下:

```
/* *
    连接 SOAP 服务,实现 Web 服务中的一个方法
    public String getMessage(String callername) {
        return "hello " + callername + "!";
    }
*/

package mytest;

import java.net. * ;
import java.util.Vector;
import org.apache.soap.SOAPException;
import org.apache.soap.Fault;
import org.apache.soap.Constants;
import org.apache.soap.rpc.Call;
import org.apache.soap.rpc.Parameter;
import org.apache.soap.rpc.Response;

public class HelloWorldClient {
    public void HelloWordlClient() {
    }

    //main 方法
    public static void main(String[] args) {
        String firstName = args[0];
        System.out.println("启动 soap 客户程序...");

        HelloWorldClient h = new HelloWorldClient();
        try {
            String result = h.performService(firstName);
            System.out.println(result);
        } catch (SOAPException e) {
            String faultCode = e.getFaultCode();
            String faultMsg = e.getMessage();
            System.err.println("SOAPExcpeiton occurs, details : ");
            System.err.println("Fault code: " + faultCode);
            System.err.println("Fault message : " + faultMsg);
        } catch (MalformedURLException e) {
            System.err.println(e);
```

```
    }
}

//使用 Web 服务的方法
public String performService(String firstName)
    throws SOAPException, MalformedURLException {
    //1. 创建 SOPA rpc call 对象
    Call call = new Call();

    // 2. 设置编码形式为标准 SOAP 编码
    call.setEncodingStyleURI(Constants.NS_URI_SOAP_ENC);

    //3. 设置对象 URI 和方法名
    call.setTargetObjectURI("urn:mytest:helloworld");//服务名(区分大小写)
    //重点在部署时
    //(1) id:与所调用的必须相同
    //(2) 方法名,见下
    //(3) scope:定义生命周期
    //(4) 类:指定到 tomcat 能识别的类路径
    //类是否为静态(静态不能被创建)
    call.setMethodName("getMessage");//服务的方法名
    //配置服务时要指定 getMessage,而不是指定 getMessage()
    //部署时,只写函数名,不写()和参数

    //4. 设置方法参数
    Parameter param = new Parameter("firstName", String.class, firstName, Constants.NS_URI_
    SOAP_ENC);

    Vector paramList = new Vector();
    paramList.addElement(param);
    call.setParams(paramList);

    //5. 设置 Web 服务的 URL
    URL url = new URL("http://localhost:8081/soap/servlet/rpcrouter");//固定格式(tomcat)
    //因为使用 tcpTrace,所以将端口改为 tcpTrace 的 8081,由它再访问 8080,从而记录了访问
    //的内容

    //6. 调用服务
    Response resp = call.invoke(url, "");

    //7. 检查故障
    if (!resp.generatedFault()) {
        Parameter result = resp.getReturnValue();
        String r = (String) result.getValue();
        return r;
```

```
        } else {
            Fault f = resp.getFault();
            String faultCode = f.getFaultCode();
            String faultString = f.getFaultString();
            System.err.println("False occured, details:");
            System.err.println("fault code: " + faultCode);
            System.err.println("fault string : " + faultString);
            return new String("调用服务发生错误.");
        }
    }

}
```

程序使用 new Call()创建了调用对象,对象设置编码方式后指定地址为"urn:mytest:helloworld。"

接着 call 对象使用 setMethodName("getMessage")指定所调用的方法名,这个方法正是我们实现 Web 服务的功能模块中的方法;然后为方法配置参数,将参数传递给远程方法。

"URL url=new URL("http://localhost:8081/soap/servlet/rpcrouter")"设置 Web 服务的 URL 地址,然后 call.invoke 函数使用这个地址实现函数的远程调用,并将返回值返回给变量 Response resp。

用户可对返回值做处理,至此完成一次完整的 Web 服务调用。

上面的示例给出的是 Java 代码。由于 Web 服务支持所有的程序设计语言,所以可以使用任何语言完成远程通信。

从上面简单的示例可以看出,尽管 Web 服务努力做到了轻量级远程交互与通信,但涉及的技术还是非常复杂和多变的,对要实现简单的远程交互功能而言,不易于开发、部署,入门门槛较高。

现在出现了一些真正轻量级的代码层远程交互与通信协议,与 Web 服务相比,它们极大地简化了开发过程与成本,程序员不需要学习 SOAP、WSDL 与 UDDI,只要熟悉程序设计语言,如 C、Java 等,就可以实现远程通信与方法调用。Hessian 协议就是其中比较优秀的轻量级协议,也是本书重点讲解的协议。

4.2.3 Hessian 协议

4.2.3.1 Hessian 协议介绍

Hessian 协议是一个轻量级的 remoting onhttp 工具,使用简单的方法提供了远程方法调用的功能。Hessian 协议主要用于面向对象的消息通信,其初始设计时的目的在于支持格式紧凑的动态数据类型,能够以跨语言形式实现数据的序列化与反序列化,实现远程通信。

目前,Hessian 协议支持的语言包括:

- Java;
- Flash/Flex;
- Python;
- C++;

- . net C#；
- D；
- Erlang；
- PHP；
- Ruby；
- Objective C。

与 Web Service 相比，Hessian 协议更加简单快捷。Hessian 协议采用的是二进制 RPC 协议，所以它很适合于发送二进制数据。而 Web Service 只能发送符合 XML 格式的文本数据，如果要发送二进制数据，则需要进行 base64 码转换，效率较低。

与 Java RMI 相比，由于 Java RMI 支持存储于不同地址空间的程序层对象之间进行通信，实现远程对象之间的无缝远程调用，因此 Java RMI 能够支持任意复杂格式的对象。但 Java RMI 只能通过 RMI 协议进行访问，它并不通过 HTTP 协议访问，因此 Java RMI 数据无法穿透防火墙。相比之下，Hessian 协议支持的数据类型是有限的，它并不支持复杂的对象，但 Hessian 协议使用 HTTP 协议，可以穿透防火墙。

Hessian 协议通信的主要流程包括以下 4 个步骤：

① 客户端发起请求，按照 Hessian 协议要求填写请求信息；

② 填写完毕后将二进制格式文件转化为数据流，通过传输协议传输；

③ 服务器端接收到数据流后将其转换为二进制格式的文件，按照 Hessian 协议解析请求的信息（如方法名、参数、返回值类型等）并进行处理；

④ 服务器端处理完毕后将结果按照 Hessian 协议写入二进制格式文件中并返回。

4.2.3.2　代码实现

Hessian 协议是 caucho 提出并实现的轻量级远程通信协议，它的官方网址是 http://hessian. caucho. com/。在官网上可以看到由多种语言实现的 Hessian 协议包与模块。下面以一个简单的 Java 实例来展示 Hessian 协议的特点。关于 C 语言和 Qt 语言实现的 Hessian 协议，将在后面进行详细描述。

在服务器端，首先是定义服务器端接口。这里使用一个传统的 Java 接口，具体代码如下：

```
public interface BasicAPI {
    public String hello();
}
```

其次是实现接口。接口实现内容比较简单，就是返回一个字符串_greeting，代码如下：

```
public class BasicService extends HessianServlet implements BasicAPI {
    private String _greeting = "Hello, world";

    public void setGreeting(String greeting)
    {
        _greeting = greeting;
    }
```

```
    public String hello()
    {
        return _greeting;
    }
}
```

在客户端,首先客户端程序要确定远程功能模块的地址,其实服务器端程序还需要配置一个 Web. xml,注册并描述其服务,由于本书重点在于 Qt 程序的开发,所以对于 Web. xml 的相关信息,读者可自行参考相关资料。

通过 Hessian 协议直接访问 hello()函数,代码如下:

```
String url = "http://hessian.xx.com/test/ ";   //指定服务器端功能模块的地址

HessianProxyFactory factory = new HessianProxyFactory();
BasicAPI basic = (BasicAPI) factory.create(BasicAPI.class, url);

System. out. println("调用 hello(): " + basic.hello());
```

其次,客户端程序要注册 Hessian 协议工厂,创建实例,并通过实例调用远程功能模块 hello()函数。至此完成整个通信过程。

读者在这里看到的是 Java 语言版本的客户端程序与服务器端程序的交互。本书重点讲解的是 Qt 语言,那么 Qt 语言或 C 语言实现的 Hessian 协议,以及怎样通过 C 语言版本的 Hessian 协议与远端第三方语言(如 Java)编写的服务器模块交互,是下面将要重点讲述的内容。

4.3　Qt 中的 Hessian 协议

4.3.1　Hessian 的 C 语言实现

Hessian 协议支持多种语言跨语言通信与交互,但这些语言需要引用或调用针对这些语言特定的 Hessian 协议版本。目前,Hessian 协议支持 C、Java 等近 10 种主流程序设计语言,由于本书使用 Qt 进行程序设计,因此若要使用 Hessian 协议与其他语言进行代码级别的交互与通信,则必须在程序设计中引入 C 语言版本的 Hessian 协议。

由 C 语言实现的 Hessian 协议也分为多种情况,根据笔者了解的情况,比较常见的是以下 3 种情况:

● Hessian 协议 C++官方版本;
● 第三方 C 语言版本;
● Hessian 协议 Qt 版本。

3 种版本各有特点,下面将分别进行介绍。

4.3.1.1　官方实现

Hessian 协议的设计者为协议提供了官方 C++实现代码,代码参见 http://hessian. caucho. com/。网站上可下载 Hessian 协议的 C++版本,程序包被称作 Hessiancpp。

Hessiancpp 包主要包括：

- 带 SSL 的简单 HTTP 支持库。Hessian 协议通信的数据包均使用 HTTP 协议传输，数据包通过 80 端口可穿透防火墙。SSL 协议为基于 HTTP 协议的数据包提供了增强的安全性能。
- Hessian 协议实现模块。实现具体的 Hessian 协议，包括远程方法调用中涉及的参数、返回值等信息的格式转换，网络提交等。
- 客户端与服务器端 GZIP 压缩包功能模块。GZIP 压缩允许对客户机与服务器双方的通信数据包进行压缩，可大大降低通信带宽，提升通信效率。
- Hessian 协议调用类接口。提供一组接口，允许用户直接使用 Hessian 协议的具体功能。

Hessiancpp 主要使用的技术或依赖的第三方功能模块库包括：

- GCC 3.3.3；
- OpenSSL 0.9.7a；
- BOOST 1.31.0；
- SSLPP；
- ZLIB。

Hessian 协议官方网上还给出了 Hessiancpp 的全部源代码，以及 Hessiancpp 使用的示例程序。读者可以通过这些源代码与示例了解 Hessiancpp 使用的详细信息。

Hessiancpp 安全可靠、功能强大、可扩展性强，是使用 Hessian 协议 C 程序设计者的首选。但本书并未使用这个数据包，原因在于本书程序使用的语言是基于 Qt 的 C 语言，在 Qt 程序中调试与编译 SSL、GZIP 等数据包所需工作量非常大，笔者尝试后还是因为时间成本原因最终放弃。因此需要寻找一份简单实用的协议实现包，可能并不需要过多的附加功能，最好能够直接被 Qt 程序编译和调用。

4.3.1.2　第三方实现

除官方实现版本之外，Hessian 协议 C 语言实现还有许多第三方版本，即非官方程序设计者出于兴趣爱好或商业目的实现的协议代码。

对计算机行业了解较多的读者会知道，虽然第三方的协议实现是由非官方程序设计者实现的，但这些软件大多是精品，有的甚至比官方版本还要优秀。

在当今软件行业，许多常见和常用的大型软件平台，最初都是由优秀的程序设计者在业余时间完成的，经过推广后变成日常使用的平台。hessianord 项目就是其中一个使用比较广泛的版本。hessianord 实现的版本可以参考 https://code.google.com/p/hessianorb/ 上的版本。

搭建 hessianord 环境时需要以下配置：

- java-jdk 1.6+。如果 Hessian 服务器端使用 Java 语言实现，则必须使用 Java JDK 包。一般情况下，C 语言程序常作为客户端程序，通过 Hessian 协议调用服务器端的 Java 代码。
- apache-ant。apache-ant 构建工具，这是在服务器端部署 Java Web 程序必需的软件包。
- cmake 2.8+。cmake build 工具，这是编译客户端 C 语言程序的编译器。
- curl-devel。curl 是 hessainord 必需的工具包，它为 hessianord 通过 HTTP 协议进行数据通信提供基础支持，所有 HTTP 协议的 URL 均可以使用 curl 包处理。

要使用 hessianord 包,首先要编译 hessianord。在 Linux 环境中编译需要使用 cmake 工具,当然上述所有其他模块都要完整,否则会编译错误。编译后可以查看 hessianord 的示例代码,有服务器程序和客户端程序。在客户端的 C 语言程序中,要注意参考示例程序引用的 hessianord 头文件,通过这些头文件中的函数调用 hessianord 的各种功能。

由于 hessianord 是面向 C 语言实现的,因此与普通的 C 程序代码不同,hessianord 的代码不能直接在 Qt 中编译。尤其是 curl 包,在 Qt 程序中引用这个包是比较复杂的事情,因为 Qt 已经具有处理 URL 与 HTTP 通信的功能类,这些功能类会与 curl 包产生冲突。

因此,本书例程并未使用 hessianord 包,需要继续寻找是否有直接面向 Qt 实现的 Hessian 协议。

4.3.1.3　Qt 实现

确实有专门针对 Qt 实现的 Hessian 协议,有一种应用比较广泛的 Qt 版本程序称为 qhessian,由一名俄罗斯程序设计师 Caiiiycuk 实现。该程序可在 https://github.com/caiiiycuk/qhessian 下载。使用该程序需遵守程序所有者及 github 的版权规定。

经验分享——谁是最牛的软件外包者

大家都知道美国的软件质量和影响力,我们每天使用的 Windows、Office、Oracle、Java JVM 等都是由美国发明的,这些划时代的成果不仅是软件业的盛事,也是计算机行业得以快速发展的助力之一。但是,有些软件美国不愿开发,或出于成本原因(美国软件工程师工资非常高)不能够开发,因此他们常常会把软件设计任务外包给第三方开发。当然,外包者必须技术过硬,能够保证质量。这样,他们看得上、用得上的软件外包者一定是外包界中的佼佼者。那么他们会外包给谁呢?

排名第一的就是俄罗斯。之所以会有这么一段经验分享,那是因为 qhessian 的设计者就来自俄罗斯。实际上,对软件行业稍有了解的读者就会知道,俄罗斯的黑客非常厉害。即便有些读者对黑客、软件开发领域等比较陌生,如果常看社会新闻,那么也会知道俄罗斯黑客"盗取"世界反兴奋剂机构的数据库,有关公布的一系列令人震惊的消息。由此可见俄罗斯黑客的过人之处。俄罗斯程序设计者更擅长高精尖的工作,比如黑客破译、反逻辑锁、软件反编译、解锁应用限制等,早期某些商业操作系统的解密工作大多由他们完成。那么,有些大型的 ERP、金融交易系统等由谁来外包呢?答案是印度。

印度软件业水平非常高,这一方面得益于印度对培养工程师的重视,另一方面得益于印度以英语为母语,他们说英语可能有些"不标准",但听、读和写英文完全没有任何问题。现今几乎所有与计算机相关的先进资料都是英文资料,这为印度软件工程师提供了天然的优势。

实际上,这也是印度软件工程师与我国软件工程师的差距所在。我国在软件外包领域一直与印度相互竞争,有一次听闻国内数一数二的软件外包大公司的领导讲,我们的工程师和印度工程师相比哪儿都不差,但就是差在阅读撰写英文材料以及与国外沟通方面。任重而道远,我们还需要继续努力。

可能许多读者都没有想到,排名第三的是韩国。韩国、日本等国的软件工程师的业务水平相当高,许多特殊领域的大型程序都由他们完成。

目前,我国的软件业也在迅猛发展,我们的优势在于软件工程师成本低、数量大,并且在向效率高、质量优的方向转化。

与 Hessiancpp、hessianorb 相比,qhessian 具有自身特色。如前所述,Hessiancpp 的实现需要 SSL 包,hessianorb 的实现需要 curl 包,与其不同的是,qhessian 的实现不需要任何第三方包支持,只需要 Qt 平台的基础功能模块,这样将大大降低基于 Hessian 协议开发应用程序的复杂性,提高程序开发的效率。

qhessian 的实现正是 Qt 程序设计者的福音,本书程序使用的就是 qhessian。

4.3.2　qhessian 的远程过程调用

4.3.2.1　qhessian 包的结构

下载 qhessian 软件包后解压缩,得到 qhessian-master 目录,其中包含 3 个子目录:qhessian、qhessian-test 与 qhessian-test-server。其中,qhessian 目录包含的是 qhessian 协议的全部代码,qhessian-test 目录与 qhessian-test-server 目录包含的是测试用的代码示例。

打开 qhessian-test 目录,其所包含的是 qhessian 客户端程序代码。在 Test.cpp 中,程序给出了使用 qhessian 远程方法调用的全部细节,部分代码如下:

```
# include "QSanityCheckTest.h"
# include "QCauchoTest.h"
# include "QCauchoTest2.h"
# include "QFruitTest.h"
# include "QStringTest.h"
# include "QNullTest.h"
//…

    QSanityCheckTest    sanityTest;
    QCauchoTest         cauchoTest;
    QCauchoTest2        cauchoTest2;
    QFruitTest          fruitTest;
    QStringTest         stringTest;
    QNullTest           nullTest;


    while (WAIT_FOR_TEST) {
        QCoreApplication::processEvents();
        QThread::currentThread() ->yieldCurrentThread();
    }
//…
```

示例程序代码先引进了 6 个头文件,这 6 个头文件定义了 6 个类,分别对应 6 种测试。

接下来为 6 种测试类分别实现实例,根据类定义的设定,类实现一个实例后,自动调用各自的远程方法。

程序的最后一段是一个 while 循环。如前所述,Qt 属于事件驱动的程序结构,针对自定义的事件需要自行调用"QCoreApplication::processEvents();"推动事件列表循环。如果不加这个 while 循环推动事件,则 Qt 程序将出现错误。

　　程序最后有一个线程操作,使当前线程放弃 CPU,让给其他测试实例。这段代码促使 6 个类实例测试均能够得到有效执行。

　　Test.cpp 是主测试程序,只负责调用 6 个测试实例。实际上,具体的远程方法调用代码均保存在 6 个头文件中。以 QStringTest.h 为例,看 qhessian 是怎样将字符串参数传递给远方函数,调用后客户端又是怎样接收服务器端的返回值的。

　　部分 QStringTest.h 的代码如下:

```cpp
class QStringTest: public QObject {
Q_OBJECT
public:
    QStringTest() {
        replyCall();
        argCall();
    }

    void replyCall() {
        TEST_START
        QHessian::QHessianMethodCall call("replyRussianString");
        call.invoke(networkManager,
                stringUrl,
                this,
                SLOT(replyString()),
                SLOT(error(int, const QString&)));
    }

    void argCall() {
        TEST_START
        QHessian::QHessianMethodCall call("argRussianString");
        call << QHessian::in::String("Мама мыла раму. Съешь этих мягких BULOK.");
        call.invoke(networkManager,
                stringUrl,
                this,
                SLOT(argReply()),
                SLOT(error(int, const QString&)));
    }
//…
    void replyString() {
        QString reply;

        using namespace QHessian::out;

        QHessian::QHessianReturnParser& parser = * (QHessian::QHessianReturnParser * ) QObject::sender();
```

```
            parser >> String(reply);
            parser.deleteLater();

            COMPARE(reply, QString("Мама мыла раму. Съешь этих мягких BULOK."))

            TEST_END
        }
    //…
    }
```

　　程序首先定义了 QStringTest 类,然后类中定义了 2 个主要函数 replyCall()和 argCall(),还有 1 个构造函数 QStringTest()。同时,构造函数内部直接调用了 replyCall()和 argCall()函数,这也是为什么 Test.cpp 在构造类实例对象后,对象会在构造函数中自动调用 replyCall()和 argCall()完成远程方法调用的原因。

　　replyCall()和 argCall()函数分别进行了 2 种测试。replyCall()测试的是客户怎样获取服务器端的函数返回值。

　　函数首先使用 QHessian∷QHessianMethodCall call("replyRussianString")定义一个远程方法的指针。注意,"replyRussianString"就是用户要调用的远程函数名,这个名字要与服务器端定义的函数名完全一致,否则将找不到远程的函数。

　　其次使用 call.invoke()触发远程方法的调用,其中参数说明如下:

● networkManager:完成网络通信的支撑变量,它负责将 qhessian 协议通信的数据通过网络传输到服务器,并从服务器接收返回的信息流。

● stringUrl:远端服务器函数所在的 URL 地址,它指向服务器端提供功能函数的具体位置。如果服务器端使用 Java 实现,则这个 URL 一般是 Java Web 应用的网址。

● this:指向当前对象,必须指定该变量以满足 Qt 信号与槽机制要求。

● SLOT(replyString()):是一个槽函数,它处理 networkManager 从网络上返回的信息(即返回值)。

● SLOT(error(int, const QString&)):是另一个槽函数,它处理通信、qhessian 交互过程中的所有错误。

　　下面先看 replyString()函数的代码。该函数首先调用"QHessian∷QHessianReturnParser & parser= * (QHessian∷QHessianReturnParser *) QObject∷sender()",直接将返回信息赋给 parser 变量;然后通过 qhessian 自定义的">> "操作符,将返回值返回给 QString reply 变量,这段代码是"parser >> String(reply)"。至此,远程函数调用和返回值的处理全部完成。

　　replyCall()演示的是调用没有参数的远程函数,如果需要参数赋值那该怎么办? argCall()函数给出了示例。

　　argCall()函数代码与 replyCall()函数相似,argCall()函数首先定义 call 变量指向远程调用的函数名(这次函数名是另一个函数了),然后给远端函数注入参数,使用的是"call << QHessian∷in∷String("Мама мыла раму. Съешь этих мягких BULOK.")"代码。注意,这与 replyCall()不同。先用 QHessian∷in∷String 将字符串参数转换为 qhessian 协议支持的数据格式,然后使用"call << "操作完成参数的传递。

使用 call. invoke()函数触发远程函数与 replyCall()函数相同。注意,replyCall()函数和 argCall()函数共用 replyString()函数处理返回值。

至此,有些读者可能会产生一些疑问:一是 argCall()函数调用的函数只接收了 1 个参数, 如果有 2 个或更多的参数需要被接收,那么该怎么传? 二是 replyCall()函数和 argCall()函数 处理的都是字符串型参数和字符串型返回值,如果要传递其他类型的参数,那么该怎么传?

对于第一个问题,答案是按照待传参数的顺序,依次多次使用"call ≪"操作;或依照参数 顺序调用 call ≪ arg1 ≪ arg2……后面将进行讲解,且有实例参照。

对于第二个问题,如前所述,此处以 QStringTest. h 为例,如名字所示,该例主要演示字符 串参数与返回值的处理过程。另外 5 种示例分别演示了自定义对象、空值 NULL 的传递处 理,读者可以参考软件包中的实例自行学习。

关于更详细的多种类型数据的参数传入与返回值处理,下面将进行更详细的介绍。

4.3.2.2　通信原理与代码实现

qhessian 支持字符串、整型等十余种类型数据的参数写入和返回值读取,下面以几种常见 的数据类型为例,重点讲解。

(1) Null 类型

参数写入:

```cpp
void argNullCall() {
    using namespace QHessian::in;
    QHessian::QHessianMethodCall call("argNull");
    call << Null();    //在这里将 Null 类型参数传入
    call.invoke(networkManager,
        urlTest2,
        this,
        SLOT(argNull()),
        SLOT(error(int, const QString&)));
}
```

返回值读取:

```cpp
void replyNull() {
    QString result;
    using namespace QHessian::out;
    QHessian::QHessianReturnParser& parser =
        *(QHessian::QHessianReturnParser *) QObject::sender();
    parser >> String(result);  //将返回值返回给本地变量
    parser.wasNull(); // == true
    parser.deleteLater();
}
```

(2) Boolean 类型

参数写入:

```cpp
void argBooleanCall() {
    using namespace QHessian::in;
```

```
QHessian::QHessianMethodCall call("argBoolean");
call << Boolean(true);   //在这里传入 Boolean 类型参数
call.invoke(networkManager,
    urlTest2,
    this,
    SLOT(argBoolean()),
    SLOT(error(int, const QString&)));
}
```

返回值读取：

```
void replyTrue() {
    bool boolean;
    using namespace QHessian::out;
    QHessian::QHessianReturnParser& parser =
        *(QHessian::QHessianReturnParser *) QObject::sender();
    parser >> Boolean(boolean); // true
    parser.deleteLater();
}
```

（3）Integer 类型

参数写入：

```
void argIntCall() {
    using namespace QHessian::in;
    QHessian::QHessianMethodCall call("argInt");
    call << Integer(3145);
    call.invoke(networkManager,
        urlTest2,
        this,
        SLOT(argInt()),
        SLOT(error(int, const QString&)));
}
```

返回值读取：

```
void replyInt() {
    qint32 int;
    using namespace QHessian::out;
    QHessian::QHessianReturnParser& parser =
     *(QHessian::QHessianReturnParser *) QObject::sender();
    parser >> Long(int); // - 0x801
    parser.deleteLater();
}
```

（4）Double 类型

参数写入：

```
void argDoubleCall() {
        using namespace QHessian::in;
        QHessian::QHessianMethodCall call("argDouble");
        call << Double(3.14);//写入 Double 类型的参数
        call.invoke(networkManager,
            urlTest2,
            this,
            SLOT(argDouble()),
            SLOT(error(int, const QString&)));
}
```

返回值读取：

```
void replyDouble() {
    qreal real;
    using namespace QHessian::out;
    QHessian::QHessianReturnParser& parser =
    *(QHessian::QHessianReturnParser *) QObject::sender();
    parser >> Double(real); // 3.14159
    parser.deleteLater();
}
```

（5）Date 类型

参数写入：

```
void argDateCall() {
        QDateTime date;
        TEST_START
        using namespace QHessian::in;
        date.setMSecsSinceEpoch(894621091000LL);
        QHessian::QHessianMethodCall call("argDate_1");
        call << DateTime(date);
        call.invoke(networkManager,
            urlTest2,
            this,
            SLOT(argDate_1()),
            SLOT(error(int, const QString&)));
}
```

返回值读取：

```
void replyDate() {
    QDateTime date;
    using namespace QHessian::out;
    QHessian::QHessianReturnParser& parser =
    *(QHessian::QHessianReturnParser *) QObject::sender();
    parser >> DateTime(date); //894621091000LL
    parser.deleteLater();
}
```

（6）String 类型

参照 4.3.2.1 小节所讲述的内容。

（7）Binary 类型

参数写入：

```
void argBinaryCall() {
        using namespace QHessian::in;
        QHessian::QHessianMethodCall call("argBinary_16");
        call << Binary(QString("0123456789012345").toAscii());
        call.invoke(networkManager,
            urlTest2,
            this,
            SLOT(argBinary_16()),
            SLOT(error(int, const QString&)));
}
```

返回值读取：

```
void replyBinary() {
    QByteArray binary;
    using namespace QHessian::out;
    QHessian::QHessianReturnParser& parser =
    *(QHessian::QHessianReturnParser * ) QObject::sender();
    parser >> Binary(binary);
    parser.deleteLater();
    //now binary contains '0'
}
```

　　上述为几种常见数据类型的 qhessian 处理方法。读者在实现自己应用程序时，可以参照上述函数的定义方式，只需将自己的函数名、参数以及自定义的远端方法的 URL 地址替换，其他部分大多不需做过多的改动。

　　qhessian 示例程序同样给出了服务器端的代码，由于本书的重点是 Qt 程序设计，因此相关代码此处不再进行详细介绍，感兴趣的读者可自行参考 qhessian‐test‐server 目录。

　　有关其他类型数据的调用及处理请参见 qhessian 文档。

4.4　远程传输与控制系统实例解析

4.4.1　总体需求分析

　　在远程传输与控制系统中，客户端与服务器端使用 qhessian 通信的主要业务需求集中在远端的数据库操作中。

　　客户端用户的注册、认证，客户端向服务器端数据库平台提交的数据、数据库信息的提取等操作，均通过 qhessian 调用服务器端的 Java Web 程序来实现。

有的读者可能会产生疑问,如果要与远端的数据库打"交道",则 Qt 本身的数据库模块以及第三方的数据库支撑模块就可以实现远端数据库交互,为什么还要绕一大圈使用 qhessian 来调用 Java 程序,再由 Java 程序调用数据库呢?

原因有二,一是基于 Java 的 Web 应用程序在调用数据库方面功能非常强大,也是当前该类程序的主流。使用 Struts、Spring、Hibernate 等技术处理一个数据库的代码非常成熟,新手可以经过简单培训后即可自主完成,且代码错误率较低。更重要的是,写出的代码可伸缩性非常强,后期进行修改和二次开发成本较低。此外,Java 的 Web 应用不但可以面向使用浏览器的普通用户,而且提供了面向其他语言所编写程序的开发接口,如本书远程传输与控制系统示例程序,就是使用基于 C 语言的 Qt 程序面向 Web 应用程序进行开发。

二是基于 Java 的 Web 程序为 C 程序屏蔽了数据库接口。如果直接使用 Qt 的程序调用数据库,则数据库的移址、升级、更换等操作必然直接影响 Qt 程序,需要大量地修改代码。而通过 qhessian 调用 Java 代码,再通过 Java 代码调用数据库,就把数据库的各种操作向 Qt 程序"透明化",从而使得 Qt 程序无需担心数据库的细节问题。而对 Java Web 程序设计来说,数据库的各种"变化"操作可能只是配置语句的简单修改而已,这方面的技术已经完全成熟。

> **经验分享——新型软件体系结构下 C 语言的新生命力**
>
> 在现行 Web 应用程序风靡世界的大环境下,PHP、JavaEE、ASP.NET 等语言百花齐放、各有风情,得到充分发挥。与此相比,C、C++ 等传统程序设计语言似乎一夜间没有了用武之地,地位非常尴尬。
>
> 有人会说,开发底层的系统级程序、嵌入式程序不是得用到 C 语言吗? 但在软件快餐化发展的年代,又有几人能够得到开发底层系统级程序的机会呢? C 语言开发,或者说 Qt 程序设计工程师还有没有机会大显身手呢?
>
> 实际上,虽然本书讲解的是 Qt 程序设计,但未尝不是为 C 族程序设计师提供一个新的软件开发模式,为 C 族程序语言提供新的生命力。在服务器端使用 Java 开发,利用完整成熟的服务器端模块和客户端 UI 模块搭建程序主体结构;在底层,如果在系统开发方面有业务需要,则使用 C 语言或 Qt 语言开发,然后通过 qhessian 等协议与 Java 程序进行代码层的通信交互,既保证了程序整体结构不需要大量改动,又可发挥 C 程序在底层设计的优势。两者发挥优势,交互融合,完成统一。
>
> 以本书为例,在服务器端搭建面向大量 Web 用户的 Web 程序,既处理平常业务,又操作数据库相关的功能模块。当客户端要处理身份证读卡器等硬件设备时,C 语言和 Qt 程序就派上用场了,利用 C 语言在处理硬件设备等底层编码的优势完成硬件处理,然后通过 qhessian 与远端 Web 程序通信,实现完整程序。

远程传输与控制系统的客户端与服务器端的整个信息与数据交互结构如图 4.4 所示。

4.4.2　服务器端业务需求与功能模块

4.4.2.1　功能模块与接口

在远程传输与控制系统中,客户端需要通过 qhessian 调用的服务器端功能包括 2 个部分,一是安全信息交互,二是业务数据交互。

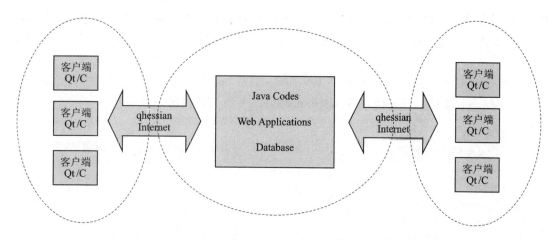

图 4.4　远程传输与控制系统的客户端与服务器端的整个信息与数据交互结构图

（1）安全信息交互

安全信息交互包括客户端用户的注册、安全登录等。与用户相关的安全信息保存在服务器端数据库中，在标准的 Web 应用程序中，已有 Java 代码为用户提供用户注册与登录检测等功能，因此客户端登录的安全检测代码也重用这部分 Java 代码，实现功能统一。

（2）业务数据交互

客户端读取硬件设备获得的身份证信息，要存储到服务器端数据库中则需通过 qhessian 协议调用相应的 Java 函数来实现；同样地，有时客户端要从数据库中读取已保存的身份证信息，也需要调用相应的 Java 函数来实现。

客户端读取硬件设备获取的 SIM 卡信息要存储到服务器端数据库中，以及从服务器端数据库中读取部分 SIM 卡信息，都需要通过 qhessian 协议调用相应的 Java 函数来实现。

由于本书重点讲解 Qt 程序设计，因此服务器端的 Java 代码在此不进行详细描述，感兴趣的读者请参照 4.1 节的部分 Java 代码示例，自行参考 JavaEE 编程、Java SPRING 编程以及网络知识库等相关资料。

4.4.2.2　数据层支持

服务器端的 Web 应用程序大多需要数据层支持，常见的 Oracle、SQL Server、MySql 等数据库都可以很好地支持用户绝大部分的工作。

除了这些数据库之外，还有一个 postgresql 数据库，它是一个轻量级关系数据库，支持 TB 级数据量，具有可视化界面，方便用户使用。感兴趣的读者可以进行尝试。

4.4.3　客户端业务需求与功能模块

4.4.3.1　客户端引入 qhessian 模块

要使用 qhessian 协议，首先要将其引入自己的工程中。在 qhessian 主程序目录 qhessian - master 中，将目录 qhessian 复制到自己的工程主目录中。qhessian 目录包括以下几个主要文件：QHessian. h、QHessianMethodCall. cpp、QHessianMethodCall. h、QHessianReturnParser. cpp、QHessianReturnParser. h 和 QHessianTypes. h。这些文件是 qhessian 协议实现的主代码，也是程序中要用到的代码。

一般情况下，可以在程序的主代码段中直接调用 qhessian 的相关函数，但为保证程序松耦合特性,使其易于维护管理,为开发人员提供封装与透明性,我们新建了 HessianConnect 类,由该类负责实现 Hessian 协议所有的相关业务。主程序调用该类操作并实现 Hessian 协议。

创建 HessianConnect 类后生成 2 个文件,一个是 hessianconnect. h 头文件,一个是 hessianconnect. cpp 文件。补充代码后,hessianconnect. h 头文件代码如下:

```
#ifndef HESSIANCONNECT_H
#define HESSIANCONNECT_H

#include <QObject>
#include <QUrl>
#include "qhessian/QHessian.h"
#include <QNetworkAccessManager>

class HessianConnect : public QObject
{
        Q_OBJECT
    public:
        HessianConnect(QString hessianurl);
        ~HessianConnect();
    public:
        //功能函数:通过它调用 Hessian,实现功能
        void loginCall(QString username, QString password);        //登录

    public slots:
        void loginReply();
        void error(int, const QString& string);

    private:
        QUrlhessianUrl; //连接服务器 Hessian 的网址
        QNetworkAccessManager *  pManager;
        volatile bool bReplyDone;
    public:
        bool isReplyDone();
    QString strLoginReply; //loginReply() 返回信息
};
#endif // HESSIANCONNECT_H
```

上述代码中引入的 4 个头文件如下:

● #include <QObject>:这是 Qt 类必需的头文件,加入该头文件并实现 Q_OBJECT 声明后,信号与槽机制方可正确工作。

● #include <QUrl>和 #include<QNetworkAccessManager>:qhessian 工作在网络层上,因此这 2 个头文件必须引用。

● #include "qhessian/QHessian. h":这是 qhessian 协议的核心头文件,所有要使用的

qhessian 功能均由该头文件定义,因此必须引用。值得注意的是,引用头文件时使用的是双引号,而不是角号。实际上在 Qt 中除引用系统头文件时使用角号外,引用其他头文件时一般都使用双引号。另外,引用的头文件采用目录格式:qhessian/QHessian.h。这是因为将 qhessian 目录整个复制到了工程目录中,因此相对于 hessianconnect.h 文件来说,QHessian.h 在"当前目录/qhessian"目录下,故在头文件引用时加上目录处理。如果用户直接将 QHessian.h 等文件复制到工程目录下,则可采用"♯include "QHessian.h""直接引用。

接下来定义的 void loginCall(QString username,QString password)函数是本程序的核心函数,通过它调用 qhessian 协议,在远端服务器上调用相应的 Java 函数,实现远程登录。其代码将在 4.4.3.2 小节进行详细介绍。

下面是 2 个槽函数——loginReply()、error(),它们分别处理的是 loginCall()函数调用后的返回值,以及调用时可能发生的错误。这段完全参考 qhessian 协议的示例完成,读者也可自行对比。

这里需要重点介绍的是后面的 4 个变量,其中 3 个是 private 变量如下:

- "QUrl hessianUrl;":这个变量保存了要连接到远端服务器的具体网址,为保证整个系统的可调配性,我们把这个网址作为参数放在 INI 配置文件中。注意,它是一个可访问的 Web 网址。
- "QNetworkAccessManager * pManager;":qhessian 将通过它实现网络连接。
- "volatile bool bReplyDone;":参考 qhessian 协议示例,程序使用 while(WAIT_FOR_TEST)循环不断推动 Qt 事件循环,使程序保持正确运转。这里我们为调用 hessianconnect 类的主程序提供了一个接口 bReplyDone,它为 true 时表示函数调用已经完成,可以退出事件循环,否则在 while 循环中不断地调用 QCoreApplication::processEvents()推动事件。bool isReplyDone()函数实现对 bReplyDone 变量的访问,这符合面向对象属性封装的要求。

还有 1 个公开变量如下:

"QString strLoginReply;":该变量存储的是 loginCall()函数通过 qhessian 协议调用远程 Java 函数后,远端 Java 程序给 Qt 程序返回的信息,在本程序中这些返回信息为字符串形式,因此定义了一个字符串变量接收这些返回值。

下面将介绍 HessianConnect 类的实现。

4.4.3.2　客户端实现

hessianconnect.cpp 文件实现了 HessianConnect 类,主要代码如下:

```
♯include "hessianconnect.h"

HessianConnect::HessianConnect(QString hessianurl)
{
    hessianUrl = QUrl(hessianurl);
    pManager = new QNetworkAccessManager();
}


HessianConnect::~HessianConnect()
```

```
{
    if (pManager) delete pManager;
}


void HessianConnect::loginCall(QString username, QString password) {
    bReplyDone = false;
    //qDebug() << "in loginCall()";
    QHessian::QHessianMethodCall call("login"); //Java 函数名
    call << QHessian::in::String(username) << QHessian::in::String(password);   //
    call.invoke( * pManager,
            hessianUrl,
            this,
            SLOT(loginReply()),
            SLOT(error(int, const QString&)));
    return;
}


void HessianConnect::loginReply() {
    using namespace QHessian::out;
    QHessian::QHessianReturnParser& parser = * (QHessian::QHessianReturnParser * ) QObject::
    sender();
    parser >> String(strLoginReply);
    parser.deleteLater();
    //qDebug() << "---" << strLoginReply << endl;
    bReplyDone = true;
    return;
}


void HessianConnect::error(int, const QString& string) {
    throw std::runtime_error(string.toStdString());
}


bool HessianConnect::isReplyDone()
{

    return bReplyDone;

}
```

在上述代码中应注意 loginCall()的实现,其首先将 bReplyDone 设为 false,然后定义 QHessian::QHessianMethodCall call("login")变量,并输入参数"login"。注意,这个参数就是远端 Java 方法的函数名,此函数名要与远端函数名完全一致,否则调用出错。

接下来 call 变量连续输入 2 个参数,分别是字符串类型的用户名和密码。这段与 qhessian 协议基本一致。

然后使用 call.invoke()函数实现远程调用,返回值指定由 loginReply()函数处理,错误指定由 error()函数处理。

有的读者可能要问,函数初始时设置了 bReplyDone 变量,函数结束时为什么不处理? 这是因为通过 qhessian 协议进行远程调用时,返回值也要通过网络传回,需要特定的函数(loginReply())专门处理,只有当这个函数处理完后才能将 bReplyDone 变量设为真,表示函数调用完成。

接下来是 void HessianConnect::loginReply()函数,该函数使用"parser >> String (strLoginReply);"将返回值赋给字符串变量 strLoginReply,我们能够通过该变量处理返回结果。

4.4.3.3　主程序接口调用

在主程序 dialog.cpp 中调用 HessicanConnect 类实现 qhessian 协议时,首先在 dialog.h 头文件中引用 hessianconnect.h 头文件,然后定义变量 HessianConnect * pHc。在后续程序中将通过该变量使用 qhessian 协议。

在 dialog.cpp 文件中首先初始化 pHc 变量,pHc＝new HessianConnect();然后在界面上实现"登录"按钮的槽函数,代码如下:

```
void Dialog::on_pushButton_clicked()      //登录按钮
{
    //1.取出用户名/密码
    //2.使用 Hessian 登录
    if (ui->lineEditUsername->text().isEmpty() || ui->lineEditPassword->text().isEmpty()) {
        QMessageBox::information(this, "登录", "用户名与密码不能为空。");
        return;
    }
    ui->pushButton->setEnabled(false);   //网络登录较慢,防止多次单击"登录"按钮
    pHc->loginCall(ui->lineEditUsername->text(), ui->lineEditPassword->text());
    while (!pHc->isReplyDone()) {
        QCoreApplication::processEvents();
    }

    //3.如果登录失败,则返回错误信息
    if (QString(pHc->strLoginReply).length() == 0) {
        QMessageBox::information(this, "登录", "登录失败,请输入正确用户名与密码。");
        ui->pushButton->setEnabled(true);
        return;
    }

    //4.登录成功,最小化到托盘(伪调用该函数)
    QMessageBox::information(this, "登录", "登录成功。\n\n 当前用户为:" + pHc->strLoginReply);
    isLogin = true;
    curUserName = pHc->strLoginReply;
    //写 INI 文件
    QStringList slist = QStandardPaths::standardLocations(QStandardPaths::DocumentsLocation);
    QDir documentsDir = slist.at(0);
    QString configIni = "/k/config.ini";
```

```
QString configIniWhole = documentsDir.path() + configIni;

QSettings configIniWrite(configIniWhole, QSettings::IniFormat);
configIniWrite.setValue("/program/username", curUserName);

ui->pushButton->setEnabled(true);
hide();
}
```

由上述代码可知,函数先简单地处理了 UI 界面问题,如用户名不能空等,然后就通过 pHc 调用了远程函数"pHc->loginCall(ui->lineEditUsername->text(), ui->lineEditPassword->text())"。由于远程调用时间较长,因此在此增加事件循环推动程序正确运行,代码为"while(!pHc->isReplyDone()){ QCoreApplication::processEvents(); }。"

注意 这个 while 循环一定要加,否则单击"登录"按钮后,程序一方面通过 qhessian 协议调用远端的 Java 函数,另一方面直接进入 pHc->loginCall()后面的 Qt 程序语句,由于此时远程函数的返回值未返回,因此后续 Qt 代码会出错。这是笔者调试很长时间后总结的经验。

登录函数接下来将会处理出现的错误,如果登录用户名或密码出错,则要求重新输入。

如果登录成功,则函数要将登录的结果写入配置的 INI 文件中。注意,"QStandardPaths::standardLocations(QStandardPaths::DocumentsLocation)"语句是要获取当前 Windows 系统的 My Documents 文件夹的位置,然后将 INI 文件写到该文件夹中。

本章介绍的客户端程序代码参见本书配套资料"sources\chapter04\01"。

4.4.4　编译与调试

4.4.4.1　配置文件

前面提到的 INI 配置文件要放到 Windows 操作系统的 My Documents 文件夹中,这样程序启动时就可以读出相关的配置信息,如远程 Java 服务的网址、程序版本号等,也可以将一些信息写入到配置文件中。

如果感觉这样做比较麻烦,那么也可以将所有配置文件统一放在工程程序所在的主目录中,这样所有的信息统一在一起可以方便管理、部署和升级。笔者也建议大家这样做。

对 INI 文件的读/写操作已在 3.3 节介绍过一部分,详细信息将在第 6 章统一介绍,届时还将介绍对 JSON 格式文件的读/写操作。

4.4.4.2　服务器与客户端

要成功编译加入 qhessian 协议的代码并不容易,一方面需要在服务器端正确编写 Java Web 程序,另一方面还需要正确地部署。大家都知道,缩写 Java 程序不是很难,但在特定版本的 Web 服务器上部署这些程序并编写配置文件就比较难了。读者在自行验证时,要重点注意程序的部署和配置。

客户端程序是一个相对完整的程序示例,其包含了比较具体实用的登录验证功能,读者可以直接使用这些代码。

除了正确地编写服务器与客户端代码之外,笔者还有一些需要注意的事项与读者分享,这样可能会减少用户调试程序的时间成本。这些注意事项包括：

- 保证网址准确。要保证 Hessian 协议远程服务器端网址的准确性。有时远端服务器地址和目录需要发生变更，变更后要准确地反映到 Qt 程序中，这也是为什么把这些地址写到 INI 文件中的主要原因。
- 保证远程函数名称准确。如果服务器端的 Java 代码也是由读者自行编写的，那么工作会简单一些，只要注意一下即可。但是，如果服务器端代码由他人编写，那么自己就要经常地与其交流以保证函数名准确。否则，根据 Qt 提供的报错信息根本无法猜到错误源自函数名不准确，而平白浪费了时间与精力。
- 保证网络畅通有效。这是因为网线松动或无线网络信号不强时一定会导致程序出错，同样无法根据 Qt 提供的错误信息判断出是程序的错误还是其他错误。
- 要多使用 qDebug 调试语句。多使用 qDebug 语句打印调试语句，能够直白地表明程序已经运行到哪里，哪里通过了，哪里报错了。这方便我们进行调试跟踪。
- 删除编译的 release 或 debug 目录。如果程序出现莫名其妙的错误，如昨天还能正常编译，今天就不能正常编译了，则建议尝试删除 Qt 程序的编译目录（release 或 debug），重新编译程序产生新的 release 或 debug 目录后，有时会编译成功。

第 5 章

硬件模块与底层驱动

5.1 Qt 引入硬件层

有时需要用计算机程序来操作第三方硬件设备,在这种情况下,不同的程序设计语言就可以发挥各自的特点与优势。

对于目前的程序设计语言,笔者认为大致可以分为 4 种,分别是底层语言、低层语言、中层语言与高层语言,它们在操作硬件设备时各有特点,具体如下:

(1)底层语言

底层语言的典型代表是汇编语言,它们的语言指令一般与机器码一一对应,由于可以直接操作内存段,甚至寄存器,因此对底层硬件设备操作最方便。但是由于它们过于“计算机化”,因此对编写程序的人来说,不易懂、不易写、不易读。尤其随着当代操作系统越来越复杂,直接使用汇编语言编写运行在某种操作系统上的程序就更是一件非常困难的事情了,即使是在编译器和开发工具与模块的帮助下,这也不是一项容易完成的工作。设想一下,用汇编语言编写一个对话框时需要几百甚至更多的汇编指令,这一下子就把程序的主要业务流程“冲”垮了。实际上,就笔者了解,比较熟悉汇编语言的程序设计高手们,他们大多有在 DOS 操作系统编写汇编语言的经历,那时的 DOS 系统非常小,编写的汇编程序也非常简单有效,从而培养了大批经验丰富的程序设计师,其中不乏现今仍旧活跃的“黑客”们。

(2)低层语言

低层语言的代表是 C/C++语言。它们一方面兼顾对底层硬件设备操作的灵活性,如内存地址码、栈指针等;另一方面设计了易于编写程序的人理解的代码。几十年来,C/C++经久不衰,仍旧活跃。此外,绝大多数硬件设备都对 C/C++语言提供了设备驱动接口。

(3)中层语言

中层语言的代表有 Java、PHP、VB、C♯等,这些语言的功能模块非常丰富,在编写程序的方便性方面,比低层语言具备更优的性能,经过简单培训的程序设计师就可以进行大型程序的开发了。但是,由于它们操作硬件的接口经过层层封装,所以有些情况下操作硬件的效率并不高。

(4)高层语言

高层语言以 MATLAB、Python 等语言为代表。这些语言对程序设计模块再次进行封装,程序设计者可以用非常简单的语句实现非常复杂的功能,使得程序设计的困难度大大降低。同样,这类语言在操作硬件时也失去了灵活性,如果硬件设备为该语言提供了驱动接口,那么程序设计就会变得比较简单,否则使用这些语言操作硬件设备将会非常困难。

综上所述,使用一种语言操作硬件至少需要 2 个条件:一是语言本身对底层硬件设备操作指令的灵活性,二是硬件设备要针对某种语言提供设备驱动接口。综合考量,C/C++语言在这方面具有得天独厚的优势,这也是本书使用 Qt 来操作身份证读卡器、SIM 卡读/写卡器等设备的原因。

　　硬件设备针对某种语言提供的设备驱动接口一般都是以动态链接库的形式出现。关于动态链接库第 4 章已做简要介绍,下面将对其进行详细介绍。

5.1.1　动态链接库

　　动态链接库是为了实现代码共享、减少程序占用空间而提出的新技术。它本身是一种不可执行的二进制程序文件,为不同程序提供可共享的代码与资源。

　　实际上,可以使用不同的程序语言来编写动态链接库,因为动态链接库本身是二进制程序,因此使用何种语言来编写它都没有区别,只要编译后的结果一致即可。但经过多年来的技术发展,大家一致认为,使用 C/C++语言编写动态链接库程序是一种非常高效的方式,而且绝大多数与 C 相关的编译器和可视化开发环境均对编写动态链接库提供优化支持。Qt 程序也不例外,如前所述,无论是使用 Qt 程序开发动态链接库程序,还是使用 Qt 程序引入并使用动态链接库程序,都非常方便。

　　Windows 平台下的动态链接库称为 DLL(Dynamic Link Library),其下的动态链接库技术得到了非常充分的应用,并且 Windows 本身的几个关键模块就是由多个 DLL 文件组成的。另外,在 Windows 下开发程序所引用的 Windows 库也都是以 DLL 形式提供的。总的来说,使用动态链接库文件的优势在于:

- 应用程序之间可以共享动态链接库代码、数据与资源。
- 动态链接库可以将复杂的应用程序分割成多个子块,分别实现,有利于降低程序开发的复杂度,提高分工与合作效率。
- 易于实现应用程序的国际化。可以将不同语言的程序信息、数据与资源封装在不同的动态链接库中,当程序运行时,可以根据配置文件自由地调用相应的动态链接库文件,实现应用程序的国际化。
- 动态链接库已经成为现行标准,其资源非常丰富,方便程序开发。

　　本章将要介绍的几种硬件设备,包括二代身份证读卡器、SIM 卡读/写卡器等设备,均提供了 DLL 形式的动态链接库文件,可以方便地通过其操作硬件设备,完成所需功能。下面将详细介绍如何在 Qt 程序中加载和调用动态链接库文件中的功能。

5.1.2　Qt 程序静态加载动态链接库

　　什么是静态加载动态链接库? 这里的静态加载是指程序设计时,像使用自定义的函数一样调用动态链接库中的功能函数。对程序开发者来说,只需要完成简单的链接库引用设置即可,在之后开发程序时,完全处于开发自主程序状态,没有明显的引用动态链接库的程序设计要求与语句。

　　当然,若要实现"静态"加载,则欲加载的动态链接库文件必须"完整",这个"完整"包括:

- 动态链接库文件必须包括完整的头文件描述。头文件描述了动态链接库中提供的所有功能函数的详细信息,包括函数名称、参数种类、个数、返回值种类等,这些是使用动态链接库功能函数的必备信息,缺一不可。
- 动态链接库的功能函数原则上应为 extern C 标准函数格式。extern C 标准函数格式是指，动态链接库中的功能函数要按照 C 语言标准函数格式编译。如果不符合 extern C 标准，那么编译器一般会将其编译成 C＋＋面向对象的格式，在这种情况下，操作动态链接库的难度将会大大提升。

Qt 对静态加载动态链接库提供了很好的支持，但根据笔者的开发经验，使用 Qt 程序静态加载动态链接库文件既简单又困难：

简单在于，使用 Qt 程序静态加载动态链接库只需要在项目 .pro 文件中加几条配置语句，在程序代码中引入头文件即可，后续代码开发与平时没有任何不同。

困难在于，因为 Qt 版本在不断变化，在 .pro 文件中加配置语句的语法格式也在不断变化，因此要想找到 Qt 5.5 新版本以上合法的配置语句并不是一件简单的事情。笔者在开发程序时，几乎搜遍了国内外网站上的示例，但有的示例适用于 Qt 4 版本，有的示例适用于 Linux 版本，有的示例根本就是错的，有的示例根本就没有测试过。总之，期间的麻烦超出了笔者的想象。现在笔者把这些技术归并整理，供大家参考，以降低开发难度，少走弯路。

5.1.2.1　Linux 平台

在 Linux 平台上静态加载动态链接库时，要打开项目 .pro 文件，然后在其中加上 LIBS 语句，具体代码如下：

```
LIBS += - L/usr/local/lib \
        - lmath
```

注意　上述代码虽然很短，但一句也不能少，且内容不容有偏差，否则编译无法通过。

第一行的 -L 参数表示要加载后面目录"/usr/local/lib"中所有的动态链接库。注意，-L 和目录名之间没有空格。行尾的"\"表示换行的后面还有要加载的库，让 Qt 编译器识别。

第二行的 -l 参数表示要加载的是一个单独的库文件，其文件名是 math。注意，在实际的 Linux 系统中，该文件可能是 math.lib 或者 math.a，但在引用时不加扩展名，加了反而会出错，无法编译；同时要注意，这个 math 库文件一定要在 Qt 程序能识别的目录中，如在 Qt 工程目录中，或在 Linux 系统目录中。

5.1.2.2　Windows 平台

在 Windows 平台下引入动态链接库也要编辑 .pro 文件，但代码与 Linux 平台有些不同。此外，在 Windows 平台下又分为引入第三方动态链接库以及引入 Windows 系统动态链接库两种情况，它们也各不相同。

（1）引入第三方动态链接库

引入第三方动态链接库的 .pro 文件如下：

```
LIBS += mydll.dll
```

程序非常简单，就一句，引入了 mydll.dll 文件。这个 DLL 文件也要在 Qt 程序能识别的目录中，如在 Qt 工程目录中，或在 Windows 系统目录中。

虽然程序简单，但也需要注意以下几个方面：

- 只能引入 DLL 格式的动态链接库，在网上或 Qt Assistant 给出的示例中，引入的 *.lib、*.a 文件格式均不可用。
- 引入第三方动态链接库时不能加 -L 或 -l 参数，否则无法通过编译。

- 引入第三方动态链接库时不能指定库文件的目录,否则编译无法通过。这是笔者的经验,读者可自行试验找到指定目录格式的语法示例。
- 文件名要完整,一定要加上扩展名。在 Linux 平台下引入 math 库时一定不要加扩展名,注意两者的区别。
- 有多个 DLL 引入时可用"\"分隔并分行。

（2）引入 Windows 系统动态链接库

虽然 Windows 系统动态链接库和第三方动态链接库的文件都在 Windows 平台下操作,但引入 Windows 系统动态链接库与引入第三方动态链接库文件的方法不同。以引入 Windows 系统动态链接库的 shell32. dll 和 setupapi. dll 为例,代码如下：

```
LIBS += - lshell32 \
        - lsetupapi
```

首先,Windows 系统动态链接库都在 Windows 系统目录中,因此无需担心 Qt 程序寻找它的问题。

其次,引入 Windows 系统动态链接库时使用了-l参数,且引入的库文件不带扩展名。例如,- lshell32 表示引入 shell32. dll 库文件。这里必须加-l参数,后面没有空格,直接加上库文件名,且不能加上. dll 扩展名。这些内容不能有错,否则编译无法通过。

Qt 编译器有时看起来比较"任性",要想有章法地理解动态链接库引入的语法,目前还有一定的困难。我们猜测这与 Qt 版本的变化有关,一方面希望 Qt 未来能够统一处理,另一方面希望读者自行试验,尝试找到更好、更统一的语法格式。

到目前为止,为保证程序的顺利开发,就必须严格服从上述要求,正确地编写相关语句。

5.1.2.3　代码实现

这里将给出使用 Qt 程序静态加载动态链接库的例子。动态链接库使用的是 4.1.3 小节中的例子,它实现了仅包含 1 个函数(int myadd(int x, int y))的 DLL。相关代码参见本书配套资料"sources\chapter04\dll"。

在 4.1.3 小节中,使用 VC 程序调用了该 DLL,并且证明了 DLL 文件的通用性。本小节将使用 Qt 程序调用该 DLL,从而介绍如何通过 Qt 程序静态加载一个外部动态链接库。

首先创建一个新的工程"qtusedll",然后把 4.1.3 小节编译过的 dll. dll 文件放到 qtusedll 工程能够找到的目录中,一般是系统目录或工程所在目录。在此将 dll. dll 放到工程所在目录中,如图 5.1 所示。

注意　在工程项目编译调试阶段,要加载的 DLL 文件必须放在"build - qtusedll - Desktop_Qt_5_5_1_MinGW_32bit - Debug"下,而不是与 qtusedll. exe 文件在同一个目录中；而在程序开发完进入部署阶段时则如前所述,要么把 DLL 文件放在与 EXE 文件相同的目录中,要么放在 Windows 系统目录中。

然后开始编辑. pro 文件,在其中加入如图 5.2 所示的程序代码。

接下来是修改程序的部分。为了程序测试方便,这里增加了一个"测试"按钮,单击该按钮则执行动态链接库中的 myadd()函数功能。添加"测试"按钮的过程此处不再详述,静态加载动态链接库的程序界面如图 5.3 所示。

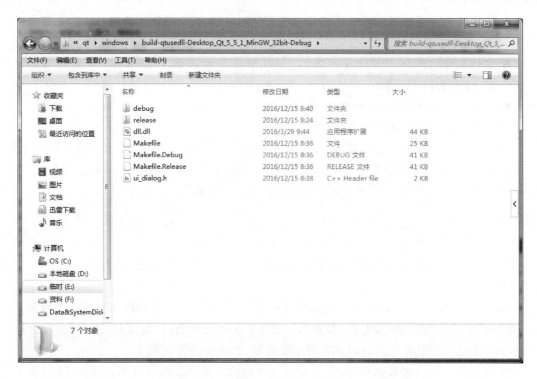

图 5.1　将欲加载的动态链接库文件(dll.dll)放到工程所在目录中

图 5.2　修改 qtusedll 工程的.pro 文件,指定加载的动态链接库

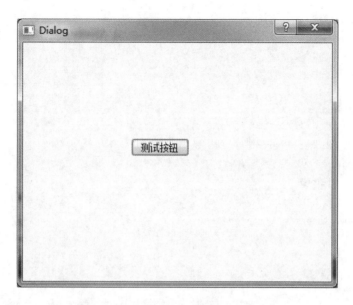

图 5.3　静态加载动态链接库的程序界面

　　这里首先要处理的是头文件,将 dll. dll 文件中的 2 个头文件 dll. h 和 dll_global. h 复制到 qtusedll 工程目录中。注意,复制后工作尚未完成,需要在 Qt Creator 界面上右击"头文件", 然后在弹出的快捷菜中选择"添加现有文件",接着选择"dll. h"和"dll_global. h",这样才会 将其加载到 qtusedll 工程中。添加过程和结果如图 5.4 所示。

图 5.4　将欲加载动态链接库的头文件加载到 qtusedll 工程的程序中

　　到目前为止,静态加载动态链接库的前期工作已基本完成。现在,只需要在程序中引入动 态链接库的头文件,就可以像操作程序自定义的函数一样操作外部 DLL 的功能函数了。修改 主程序代码,具体如下:

```cpp
# include "dialog.h"
# include "ui_dialog.h"

# include "dll.h"

# include <QDebug>

Dialog::Dialog(QWidget * parent) :
    QDialog(parent),
    ui(new Ui::Dialog)
{
    ui->setupUi(this);
}

Dialog::~Dialog()
{
    delete ui;
}

void Dialog::on_pushButton_clicked()
{
    //加载 dll.dll,引用其函数 int myadd(int x, int y)
    qDebug() << "here";
    int r = myadd(5,7);

    qDebug() << QString::number(r);
}
```

注意 "♯include "dll.h""*语句将欲加载的动态链接库头文件引进来。*

Dialog::on_pushButton_clicked()函数是按钮响应函数,在该函数中直接调用了 myadd(5,7)函数,然后将该函数的返回结果"12"打印出来,结果如图 5.5 所示。

图 5.5　程序运行结果

这里需要说明的是,myadd()函数是加载的 dll.dll 文件中的函数,但在按钮响应函数中,可以像直接使用自定义函数一样调用该函数,而该函数也能够直接给出返回结果。这就是静态加载动态链接库的优势。

综上所述,若静态加载动态链接库,则需要两个条件:一是要在.pro 文件中加载该动态链接库,二是要有该动态链接库的头文件,这两个条件缺一不可。

相关代码参见本书配套资料"sources\chapter05\qtusedll"。

5.1.3　Qt 程序动态加载动态链接库

使用 Qt 程序以"动态"方式加载动态链接库与上面介绍的"静态"方式不同,对于"动态"方式来说,一不需要修改. pro 文件,二不需要加载动态链接库的头文件。下面通过 qtusedll2 工程来介绍动态加载的技术。

同样,首先建一个 qtusedll2 工程,界面上只保留一个按钮,用来测试动态链接库中的功能函数。

然后把 dll. dll 文件复制到编译的目录"build - qtusedll2 - Desktop_Qt_5_5_1_MinGW_32bit - Debug"中。注意,编译阶段不能复制到与 EXE 同目录的 Debug 目录下。

接下来的与"静态"加载不同,不需要修改. pro 文件,不需要复制动态链接库的头文件到 qtusedll2 工程中,在程序中直接"动态"加载即可,相关代码如下:

```
# include "dialog. h"
# include "ui_dialog. h"

# include <QDebug>
# include <QLibrary>

typedef int ( * ConnectFun)(int a, int b);

Dialog::Dialog(QWidget * parent) :
    QDialog(parent),
    ui(new Ui::Dialog)
{
    ui ->setupUi(this);
}

Dialog::~Dialog()
{
    delete ui;
}

void Dialog::on_pushButton_clicked()
{
    //动态加载 DLL
    qDebug() << "here2";
    QLibrary m_lib;
    m_lib. setFileName("dll. dll");
    bool bLoaded = m_lib. load();
    if (bLoaded) {
        ConnectFun myConnectFun = (ConnectFun)m_lib. resolve("myadd");
        int r = myConnectFun(15, 20);
        qDebug() << QString::number(r);
```

```
      } else {
          qDebug() << "未能动态加载 dll";
      }
  }
```

首先注意"＃include ＜QLibrary＞"语句,它引入了 Qt 的功能模块 QLibrary,由该模块操作外界动态链接库文件。

然后在按钮响应函数 Dialog::on_pushButton_clicked()中先定义 QLibrary m_lib 变量,接着使用"m_lib. setFileName("dll. dll")"语句指定要加载的动态链接库文件,之后使用 m_lib. load()函数加载。只用 3 条语句就可以完成动态加载外部动态链接库文件的操作,非常简单。

加载 DLL 后,接下来就要调用 DLL 中的函数了。调用功能函数前,需要先定义一个函数指针:typedef int (＊ConnectFun)(int a,int b)。这个函数指针指向了 DLL 中的 myadd(int a, int b)函数,因此函数指针的参数个数、参数类型、返回值类型必须与 myadd()函数完全一致,否则函数调用时会发生错误。

在 typedef int (＊ConnectFun)(int a,int b)语句中,函数的参数是(int a,int b),与 myadd()函数相同。当然,参数中的变量(a, b)不重要,可以改名字或不写,函数指针写成 typedef int (＊ConnectFun)(int ,int)也完全合法。typedef int 段的"int"是函数的返回类型,也与 myadd()函数完全相同。最后,函数指针中的(＊ConnectFun)定义了函数指针变量名,这个函数指针变量名为 ConnectFun,以后要用它来指向 myadd()函数,完成操作。

"ConnectFun myConnectFun＝(ConnectFun)m_lib. resolve("myadd")"语句具体指向了 myadd()函数。再次强调,定义的 ConnectFun 函数指针要与 myadd()函数一致,否则会报错。

程序最后使用 myConnectFun(15, 20)调用 DLL 中的 myadd()函数,并将计算结果"35"打印到输出窗口。程序运行结果如图 5.6 所示。

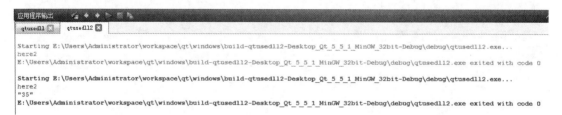

图 5.6　动态加载动态链接库的程序运行结果

相关代码参见本书配套资料"sources\chapter05\qtusedll2"。

5.1.4　Qt 程序加载非完整动态链接库

前文已经介绍使用 Qt 程序静态和动态加载动态链接库的方法,并给出了示例程序。如果读者已自行试验,则应该有了初步体会。正常情况下,前文所介绍的内容已经涵盖加载动态链接库的全部情况,但为什么会有"Qt 程序加载非完整动态链接库"这一节内容呢?"非完整"的动态链接库是什么意思呢?

上述 2 个问题的答案还要在 5.1.3 小节中寻找。虽然在 5.1.3 小节中强调,Qt 程序在动态加载时不需要修改.pro 文件,也不需要加载动态链接库的头文件,但是,在定义函数指针时,这个函数指针要与被调用功能函数的参数个数、参数类型与返回值类型完全一致,这些信息实际上来自动态链接的头文件。因此,尽管没有引入头文件,也没有加载头文件,但还是参考了头文件中关于 myadd() 函数的定义。

那么如果给出一个第三方动态链接库文件,没给头文件,也没有任何相关的头文件,又该怎么调用 DLL 中的函数呢? 如何获知 DLL 中有几个功能函数? 这些函数的参数个数、类型如何确定? 如何定义函数指针指向这些函数? 如果不能解决这些问题,那么即使加载了动态链接库,也不能使用其中的功能函数。我们把这种情况下加载并调用动态链接库称为加载非完整动态链接库。

实际上,现实中有着数量庞大的“非完整”动态链接库,用户可以在网络上下载,也可以在程序目录中复制,但它们的头文件都属于程序源代码,在绝大多数情况下,用户都无法拿到这些 DLL 的源代码。但有时已经基本了解这些 DLL 的功能函数,也确实需要使用这些功能函数,那要怎样做呢? 接下来将要尝试寻找一些方法来解决这些问题。

同样,以包含 myadd() 函数的 dll.dll 为例。假设已获得该 DLL 文件,但对库中的功能函数一无所知,那么首先就是尝试读取 DLL 文件中的函数信息。读取 DLL 文件信息的工具比较多,常用的是 Visual Studio 自带的 DEPENDS.exe 工具。

使用 DEPENDS.exe 打开 dll.dll 文件,结果如图 5.7 所示。

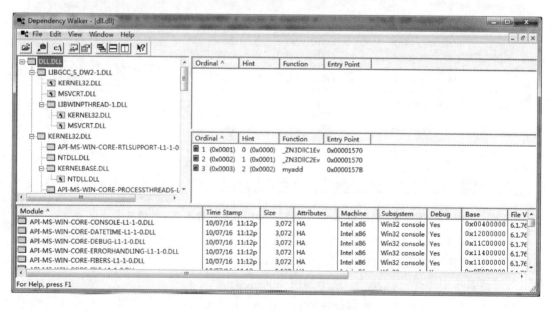

图 5.7　dll.dll 动态链接库的函数信息

由图 5.7 可知,“DLL.DLL”文件已被打开,项目树中的 KERNEL32.DLL 等都是“DLL.DLL”文件所依赖的库。几乎所有的程序都依赖 Windows 平台的 KERNEL32.DLL 等库,如果程序是由 MSVC 开发的,则还会依赖 msvcrt.DLL。

在图 5.7 的中部显示了函数“myadd”,我们所需要的信息就在这里。除了 myadd() 函数外,还有另外 2 个函数,这 2 个函数是编写 dll.dll 程序时系统自定义 DLL 类自动生成的函数。由于这些函数没有强制加上 extern “C” 标识,因此,其函数名处于混乱状态。这也是为什么在

5.1.2小节中反复强调要使用 extern "C"标明要输出功能函数的原因。使用这个标识的函数,其函数名将直接显示,否则系统将以 C++面向对象的方式进行编码,不利于识别。

虽然知道了函数名,但还不知道函数的参数信息与返回值信息,若进一步了解这些信息,则可以使用 dllhsckq 工具。

使用 dllhsckq 工具打开 dll.dll 文件,结果如图 5.8 所示。

图 5.8 使用 dllhsckq 工具打开 dll.dll 文件后所显示的信息

图 5.8 中也显示了 3 个函数,其中有我们需要的 myadd()函数,同样不能直接获得参数与返回值信息,因此需要进一步分析函数参数和返回值。在"导出函数"选项组中右击第 3 行,在弹出的快捷菜单中选择"反汇编"。结果如图 5.9 所示。

dllhsckq 工具将 myadd()函数整体进行反汇编,由于函数比较短,因此反汇编结果也比较短,便于观察,具体代码如下:

```
PUSH EBP
MOV EBP,ESP
MOV EDX,SS:[EBP + 8]
MOV EAX,SS:[EBP + C]
ADD EAX,EDX
POP EBP
RETN
```

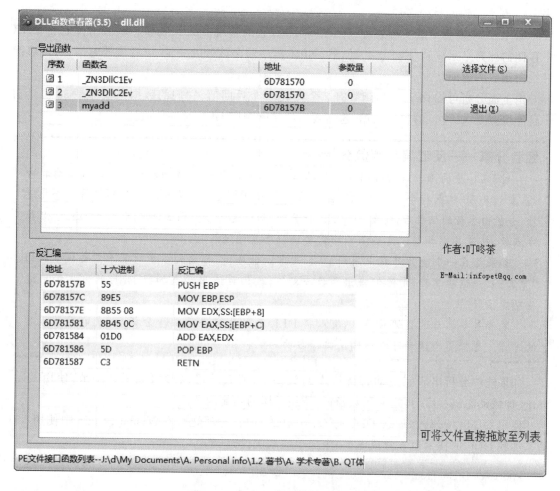

图 5.9　反汇编 myadd( )函数的结果

这是笔者多年前设计的一种汇编语言及其编译器,由于对 8086 系列汇编语言仅处于了解的状态,因此只能尝试着和读者共同分析这些汇编语句。

首先是"PUSH EBP"和"MOV EBP,ESP"两条语句,它们是常用语句。其主要功能是调用函数前保护当前环境(包括栈地址等),以便在函数调用后能够返回到当前环境。

接下来是"MOV EDX,SS:[EBP+8]"和"MOV EAX,SS:[EBP+C]"。注意,这两条语句包括了函数的参数和返回值的所有信息,具体分析如下:

① 主程序在调用一个函数前,先为这个函数分配内存空间,并将参数赋值到该空间中。这个内存空间的指针一般由寄存器 EBP 保存。

② 结合上下文,"MOV EDX,SS:[EBP+8]"语句是将内存地址[EBP+8]处的参数读入寄存器 EDX;"MOV EAX,SS:[EBP+C]"语句是将第二个参数读入寄存器 EAX。

③ 根据笔者了解,一般情况下,[EBP+4]的位置是为返回值保留的内存空间。因此,从+4、+8、+C 可以判断出,返回值与 2 个参数均占用 4 个字节,即 32 位长。

④ "ADD EAX,EDX"是程序的主要功能,即 2 个参数求和,结果保存在 EAX 中。这就验证了[EBP+8]和[EBP+C]语句读取的确实是 2 个参数。

⑤ "POP EBP"语句是结束调用函数前恢复之前保存的栈环境,准备进入到外面的主程

序中。

⑥ RETN 语句一般实现处理返回值等功能，它的实现方式比较多。笔者猜测它将 EAX 中存储的计算结果放到［EBP＋4］处，然后由主程序取出该处的变量，或者该处的指针，再由指针指向函数的返回结果。

由上面分析可知，myadd()函数有 2 个参数、1 个返回值，它们的数据位长都是 32 位。初步猜测可能是 32 位长的整型数据，这需要后续实际调用 DLL 时进行验证。

> **经验分享——反汇编与函数分析**
>
> 对 DLL 中的函数进行分析是一件非常困难的事，能够进行函数分析的准入门槛非常高，要对 8086 机器指令、汇编语言、操作系统内容、PE 文件等有比较深入的了解。除此之外，分析出参数的位数后，还要不断地进行试验，验证这些参数到底是 32 位整数，还是 32 位浮点数，或是其他类型。这些工作均需要比较丰富的经验。
>
> 如果是在一个商业开发中用到 DLL 内部函数分析，那么大多数情况下需要找专职的"黑客"来做这些工作，由他们给出函数头文件，我们再使用动态加载 DLL 的方式调用这些功能函数。
>
> 笔者早年参与过类似的项目，有人将 DLL 函数头文件反编译分析后，我们再做后续的工作。感兴趣的读者可以参阅反编译方面的资料。

如果能够分析出非完整动态链接库的头文件，那么就可以参照 5.1.3 小节，使用 QLibrary 加载动态链接库，再定义函数指针，调用具体的功能函数。

使用 QLibrary 动态加载 DLL 是 Qt 独有的方法。实际上，在 Visual Studio 中使用 VC 动态加载 DLL 的技术也非常成熟，一个简单的示例代码如下：

```
HINSTANCE hdll = LoadLibrary ( "dll.dll" );
typedef int ( _stdcall * lpFN )( int ,int );
lpFN FN;
FN = (lpFN)::GetProcAddress( hdll, "myadd" );
return FN(15, 20);
FreeLibrary(hdll );
```

C 语言使用 LoadLibrary 加载动态链接库时同样定义函数指针，然后使用 GetProcAddress()函数指向特定函数 myadd()，最后实现功能调用。感兴趣的读者可以根据这段代码，再参考第 4 章介绍的 VC 程序 testDll，自行对比学习。

5.2　二代身份证读卡器

5.2.1　功能描述

5.2.1.1　二代身份证

自 2004 年 1 月起，我国居民开始全面使用二代身份证。现存的第二代居民身份证是一种单页卡式证件，采用非接触式 IC 卡技术制作，身份证页面上主要包括公民的照片、出生年月、住址、性别、民族及身份证号。

　　身份证内部的 IC 卡使用非接触式 IC 卡芯片作为"机读"存储器，内含 RFID 射频芯片。IC 卡芯片存储容量大，写入的信息可划分安全等级，分区存储，主存储包括姓名、地址、民族等身份证电子版信息，此外还包括照片、指纹等信息，这些信息按照指定的格式压缩存储，大小均为 1 024 字节。而 RFID 射频芯片可以为二代身份证提供非接触的射频通信功能，对持有身份证的公民来说，其可以手持二代身份证实现"刷"卡功能，便于使用。

　　读取身份证电子信息时需要授权，并要遵循公安部针对二代身份证信息的统一标准。实际上，对于程序设计人员来说，这是一个好消息：一方面公安部统一给出所有二代身份证信息的标准，便于开发出普适性应用程序；另一方面，使用公安部的统一接口在绝大多数情况下可以屏蔽身份证电子信息的底层编码、解码算法，从而将精力集中在应用开发上来。

　　值得一提的是，十一届全国人大常委会第二十三次会议通过的《中华人民共和国居民身份证法修正案（草案）》规定：公民申请领取、换领、补领居民身份证，应当登记指纹信息，在居民身份证中加入指纹信息。因此，对于现在使用的二代身份证，近期新换的二代身份证大多包含指纹信息，但早期的二代身份证中并不包含指纹信息，所以使用指令读取身份证信息时要注意区分。

5.2.1.2　二代身份证读卡器

　　二代身份证读卡器又称二代身份证阅读器，是第二代身份证阅读和核验的专用设备。它采用国际上先进的 TypeB 非接触 IC 卡阅读技术，配以公安部授权的专用身份证安全控制模块（SAM），以射频通信方式与第二代居民身份证内的专用芯片进行安全认证后，将芯片内的个人信息资料读出，完成解码、显示、存储、查询和自动录入等功能后，将信息上传至连接读卡器的终端（常为计算机设备）。

　　二代身份证读卡器能够判断身份证的真伪。二代身份证芯片采用智能卡技术，其芯片无法复制，高度防伪，配合二代身份证读卡器，假身份证将无处藏身。其主要特点如下：

- 通用性强：支持 Windows 系列、Linux 系列等多种操作系统。
- 开放性好：提供 SDK 供系统集成商进行二次开发。
- 功能强大：可外接标准键盘、鼠标、显示器，提供 RS‑232C、ECP、USB、LAN、MODEM 等多种计算机接口。
- 扩展灵活：可以加装指纹采集器，现场比对持证人的指纹，进行"人证同一性"认定；也可以外接数码采集设备，采集个人照片等信息。
- 操作简便：开机即进入阅读界面，阅读软件自动找卡和阅读。

常见的二代身份证读卡器包括以下几种：

（1）标准身份证读卡器/识别器设备

标准身份证识别器设备是一款由二代身份证识别系统部分与扫描部分组成的身份证验证机具，可一机验证、读取一二代身份证信息，集成了照片识别与文字识别技术和二代身份证读卡器技术，可以验证并阅读二代身份证信息，提交给连接读卡器设备的终端计算机操作。这是最常见的身份证读卡器设备，本书 Qt 应用程序中也使用该类设备读取身份证信息。

（2）蓝牙/3G 式身份证识别器

一般是标准身份证读卡器设备增加蓝牙或 3G 上网功能模块，使得读取的身份证信息可通过无线方式提交给终端计算机操作。

（3）手持式二代身份证读卡器

手持式二代身份证读卡器是全国领先的二代身份证智能手持设备,该产品拥有二代身份证识别器、掌上电脑、高清数码相机、GPS 定位导航、3G 无线网络高速传输等强大功能。该产品采用国际上安全性和电量密度最高的聚合物电池,最多可连续识别身份证 800 张以上,最长可持续使用 2～3 天。

它的优点是灵活方便、操作快捷,缺点是读出身份证信息后二次开发环境受限。

（4）平板电脑身份证识别器

平板电脑身份证识别器是将身份证读卡器芯片与平板电脑合二为一,成为一种手持全触摸屏、电脑制式的身份证阅读器。它具有高分辨率、高清摄像、双网 3G 的硬件设备,在金融银行、社保、教育考试等领域均有广泛应用。

它的优点是功能强大、操作方便快捷,缺点是价格较高。

（5）其他集成身份证读卡器芯片设备

随着应用需求的发展,现在出现了集成二代身份证读卡器芯片的设备,将识别、读取二代身份证的功能集成到设备已有的功能中。例如机场与火车站自助取票/选号机器,操作时设备会提示用户将二代身份证放置在指定区域,通过射频方式读取二代身份证信息,为用户带来极大的方便。这是未来发展的主要趋势。

上述二代身份证读卡器设备各不相同,我们开发程序的接口能通用吗? 实际上,公安部早就把这个问题解决了。对于上述种类的二代身份证读卡器设备,无论是哪个类别、哪个厂家生产的,其二代身份证读卡器核心模块(包括芯片、存储、通信、压缩、解密等)均由公安部统一制定标准,且由公安部统一生产。任何一个厂家要生产任何类别的二代身份证读卡器均不需要制作,只需要从公安部购买这个模块,然后将其“集成”在一起即可。

因此,从这个角度来说,一个二代身份证读卡器设备无论是手持的、平板的,还是标准的带 USB 线的,它们内部的读卡器核心模块均完全一致,没有差别。对于程序开发者来说,即使设备种类、生产厂家不同,程序最终调用的核心模块也完全一致。

注意 在市场上购买二代身份证读卡器时,虽然各种设备之间存在价格差,但这些价格只差在读卡器设备的外壳上,内部的核心模块均是各厂家从公安部以统一的价格购置的,没有区别。

5.2.2 驱动接口

5.2.2.1 公安部标准接口

公安部为全国各厂家、各类设备统一提供核心模块,并且统一了标准和接口,这样既降低了伪造的可能性,又增强了安全性。同时,公安部也为这些核心模块提供了统一的标准函数接口(API),供程序员调用。这个标准函数接口官方称为“居民身份证验证安全控制模块接口 API”,它由 C 语言编写,因此特别适合于 C/C++/Qt 等 C 系列语言操作。

整个接口主要包括一组文件,其中接口核心文件是 sdtapi. dll 动态链接库文件,现分别介绍如下:

- license. dat:许可证文件。一般这个文件要放在 C:根目录下,身份证读卡器设备要定期寻找该文件,如果文件损坏或不存在,则读卡器设备不工作。
- sdtapi. dll:核心的动态链接库文件。程序设计者调用的所有二代身份证操作函数均在这里实现。

- sdtapi.h：sdtapi.dll 库文件的头文件。如前所述，若要自如地使用 sdtapi.dll 动态链接库，那么就需要这个头文件。该头文件描述了所有功能函数的准确接口，并且引入该头文件后，可以像操作自定义函数那样操作 sdtapi.dll 库文件的功能函数。
- sdtapi.lib：sdtapi.dll 动态链接库的静态编译版本。由于有的程序需要使用静态编译，故使用其可将标准接口的函数静态连接到应用程序。使用静态编译时，应用程序会很大，但优势是安装时不用再安装 sdtapi.dll 动态链接库了。
- WltRS.dll：身份证照片等编码/解码相关的动态链接库程序。

二代身份证读卡器的核心功能 sdtapi.dll 提供了 3 类功能函数，限于版权原因，本书在此仅进行简单介绍，详细信息请参见《居民身份证验证安全控制模块接口 API 使用手册》。该手册可通过购买二代身份证读卡器设备获得，或通过网络下载。

（1）第一类功能函数：硬件设备端口操作函数

这类函数能够实现端口波特率读取、设置功能，以及二代身份证设备端口打开和关闭功能。将二代身份证读卡器设备连接到计算机后，计算机会为它分配端口号，使用该设备前要将端口打开，使用完毕要将端口关闭。

（2）第二类功能函数：硬件设备射频通信配置函数

这类函数包括射频状态、最大字节数调制以及身份证安全模块（SAM）设置等信息。该类函数的使用频率不如其他两类函数。

（3）第三类功能函数：二代身份证读取函数

这类函数使用得最频繁。按顺序分，该类函数包括寻找身份证函数、选择身份证函数、读取身份证信息函数等；按读取身份证信息的种类分，该类函数具有读取身份证基础信息（如姓名、身份证号码、民族以及照片信息等）、读取身份证基础信息并存储到文件、读取身份证基础信息与指纹信息、读取身份证基础信息与指纹信息并存储到文件等功能。

使用读卡器功能函数要遵循公安部标准接口指定的顺序，这个顺序很简单，一般不需要更改。《居民身份证验证安全控制模块接口 API 使用手册》给出了示例程序，读者可以自行参考。同样出于版权原因，下面将自行实现一个 VC 程序来实际操作一个身份证读卡器设备，演示整个操作流程。

这里假设读者拥有一台二代身份证读卡器设备，已安装完并连接到计算机。注意，计算机应包含 C 语言编译环境。

5.2.2.2　C 语言实现

在 VC 环境下实现下面的示例程序（后面会在 Qt 中操作身份证读卡器）。首先创建工程，然后把 sdtapi.dll 复制到执行程序所在的目录中，供程序调用。头文件等操作流程参考之前动态链接库的相关介绍，这里不再赘述。

C 程序在本书配套资料"sources\chapter05\readIDCardnew"中，核心代码如下：

```
# include <stdio.h>
# include <windows.h>


# include <string.h>
# include "sdtapi.h"              //动态链接库头文件
void main()
```

```c
{
    char cInput;
    int iRet;                           //返回码
    int iPort;                          //端口号
    int iIfOpen;                        //是否需要打开端口
    unsigned char pucManaInfo[4];
    unsigned char pucManaMsg[8];
    unsigned char pucCHMsg[256];        //文字信息最长 256 字节
    unsigned char pucPHMsg[1024];       //照片信息最长 1 024 字节
    unsigned char pucFPMsg[1024];       //指纹信息最长 1 024 字节
    unsigned int uiCHMsgLen,uiPHMsgLen,uiFPMsgLen;

    //1.打开设备
    iPort = 1001;                       //USB 接口
    iIfOpen = 0;
    if(iIfOpen == 0) {
        iRet = SDT_OpenPort(iPort);
        if(iRet! = 0x90)    {
            printf("打开端口失败");
            SDT_ClosePort(iPort);
            system("pause");
            return;
        }
    }

    //2.选卡
    while(!(cInput == 'n'))  {
        iRet = SDT_StartFindIDCard(iPort, pucManaInfo, iIfOpen);
        if(iRet == 0x9f)  {
            iRet = SDT_SelectIDCard (iPort, pucManaMsg,iIfOpen);
            if(iRet! = 0x90) {
                printf("选卡失败");
                printf("请重新放卡,进行找卡、选卡? 继续按\"y\",退出按\"n\" \n");
            } else { break; }
        }  else {
            printf("未找到身份证卡,请重新放卡。继续按\"y\",退出按\"n\" \n");
        }
        scanf(" % c", &cInput);
    }

    //3.退出
    if(cInput == 'n') {
        printf("放弃找卡,退出程序\n");
        return ;
    }
}
```

```
//4.读取身份证信息
//4.1 处理身份证基础信息
iRet = SDT_ReadBaseMsg(iPort, pucCHMsg, &uiCHMsgLen, pucPHMsg, &uiPHMsgLen, iIfOpen);
 if(iRet! = 0x90) {
     printf("读取身份证机读文字信息和照片信息失败");
     if(iIfOpen == 0) SDT_ClosePort(iPort);
     return;
}
printf("读取身份证信息成功\n");
//4.2 处理照片信息
printf("照片长度为:% d\n", uiPHMsgLen);
FILE * outfileZP = NULL;
outfileZP = fopen("d:\\zp. bin","wb");
if( NULL == outfileZP) {
     printf("生成身份证照片文件失败。\n");
     return;
}
fwrite(pucPHMsg, 1, uiPHMsgLen, outfileZP);
fclose(outfileZP);


//5.关闭端口
if(iIfOpen == 0)
     SDT_ClosePort(iPort);


system("pause");//暂停程序运行
}
```

由上述代码可知,在头文件中加了"＃include ＜windows. h＞",这可使程序在 Windows 环境下运行。

整个操作有一个基本流程,如下:

第一步是根据端口号打开设备,一般使用 SDT_OpenPort()函数。端口号通常是在设备安装时由设备驱动程序确定,比较常见的是 1001 端口;也有设备使用不同的端口号,此时可参考特定设备手册。SDT_OpenPort()函数的返回值给出端口打开结果,如果返回值是 0x90,则说明端口打开成功,否则均错。

注意　0x90、0x91 *等是二代身份证常用的返回值信息,一般表示上一个功能函数操作成功。具体信息请参考《居民身份证验证安全控制模块接口 API 使用手册》。*

第二步是选卡。一般情况下,一个身份证读卡器设备一次只读一张身份证,那么为什么还要选卡呢? 这是因为身份证读卡器设备插入计算机后,设备就处于工作状态了,只有用户把身份证贴近读卡器设备,程序才能识别出卡片,并选择卡片。这就是选卡的功能。它一般处于一个无限循环的状态,时刻等待用户将身份证贴近读卡器。

选卡一般包括 2 步:一是利用 SDT_StartFindIDCard()函数发现卡片,二是发现后执行 SDT_SelectIDCard()函数选择并确定最终卡片。注意,如果身份证没有静止平稳地放在读卡器上(比如放身份证时手带动了身份证),那么选卡有可能失败。

第三步就是开始读取身份证信息,包括基本信息和照片信息。SDT_ReadBaseMsg()函数一次性将所有信息读入到基本信息和照片信息数组中。注意,身份证中的基础信息(包括姓名、身份证号等)、照片信息均采用特定压缩编码格式存储,SDT_ReadBaseMsg()函数直接读出这些编码状态信息。用户需要对这些编码信息进行解码,才能获得所需的照片、身份证号等信息。

这里将身份证照片信息存储到硬盘的某个文件中,当然也可以解码成 JPG 格式的照片,这部分内容后面将会介绍。

第四步是关闭端口号,结束程序运行。

5.2.3　Qt 调用

5.2.3.1　读取身份证信息

(1)设备与驱动

使用 Qt 程序操作身份证读卡器与使用 C 程序基本相同,第一步同样是获得并加载驱动身份证读卡器的动态链接库。对于此步,读者可能会有疑问,既然所有的身份证读卡器芯片与核心模块均由公安部自行生产,那么操作身份证读卡器的动态链接库也一定是 5.2.2.2 小节介绍的 sdtapi.dll 了。从理论上讲应该是这样,但实际上,不同厂商生产的读卡器设备均提供了自定义的动态链接库驱动包。这是为什么呢?

首先,公安部提供的标准 DLL 在功能上有一定的限制,如解码身份证文字信息与照片信息的功能函数不完整。其次,有些特殊功能上的要求是单独使用 sdtapi.dll 所无法实现的,例如有的身份证读卡器每读一个身份证都需要调用指定的某网络应用程序,由它处理身份证解码等操作后再返回到读卡器设备。最后,对于各厂商生产的设备,如果"芯"是公安部标准设备,"皮"上的驱动也是标准库,那么各厂商就真的只能算是集成商了。因此,各厂商都提供了自定义的动态链接库驱动接口,实现的功能虽各不相同,但都支持公安部定义的所有函数接口。实际上,各厂商的动态链接库均是基于公安部标准库 sdtapi.dll 开发实现的。

对用户来说,无论使用哪个厂商的读卡器设备,程序开发的工作都完全相同,都是把读卡器的动态链接库引入到 Qt 程序中,然后再引入这些 DLL 的头文件,这样就可以像操作自定义的函数一样操作打开端口、设置波特率、设置 SAM、读取身份证信息等功能函数了。

(2)读取身份证信息

下面将给出 Qt 程序读取身份证的代码,进一步完善本书的"远程传输与控制系统"。在此之前,需要先做以下说明:

- 出于某种需求,本书不对所使用的身份证读卡器品牌、型号进行明确说明,只是直接调用这些读卡器的驱动 DLL。
- 这些厂商的动态链接库文件及头文件版权归厂商所有,本书不做详细介绍,只对具有公共性质的身份证操作函数提供功能性描述。读者可以出于教学目的来参考、编译这些代码,但如果用于商业,则需取得这些厂商的授权。

另外,功能方面也需要进行讨论:5.2.2.2 小节的 C 语言示例程序在操作身份证读卡器时使用了无限循环,一直等待身份证刷向读卡器,然后执行选卡、读卡操作。这样效率较低,且如果程序功能比较丰富,则不可能使用一个无限循环让程序只做这一件事。因此本书 Qt 程序使用了一个 Qt Timer,定时(如 2 s)扫描读卡器设备,识别是否有新的身份证证件待读取。这样做有一个好处,就是时间片被充分利用,避免了无限循环。用户将身份证放在读卡器上之后,在极端情况下,最多需要 2 s 才能开始读卡,存在时间延迟。根据笔者的经验,2 s 延迟完全可以接受。

应用程序引用了厂商的动态链接库文件,并对 .pro 文件进行了修改。接下来 Qt 程序将 DLL 驱动的头文件复制到工程程序主目录下的 device 子目录下,并在头文件中进行了引用。相关内容请参考 5.1 节,此处不再赘述。

应用程序代码参见本书配套资料"sources\chapter05\01",主要代码如下:

```cpp
//dialog.cpp
# include "dialog.h"
# include "ui_dialog.h"

extern "C" {
# include "device/SynPublic.h"
}
//...
Dialog::Dialog(QWidget * parent) :
    QDialog(parent),
    ui(new Ui::Dialog)
{
//...
//6. Timer
idTimer = startTimer(2000);
}

void Dialog::timerEvent(QTimerEvent * e)
{
    //1.检测设备
    toFindIDReadDevice();

    //2.检测身份证
    toReadIDCard();

    //3.更新菜单和信息页
    //3.1 更新图标
    setBothIcons(isThereError? 1 : 0);
    //3.2 更新菜单
    userMsg ->setText("当前用户:" + curUserName);
    deviceMsg ->setText("当前设备:" + deviceName + " " + deviceState);
    if (isThereNewIDCard) {
        showMessage();                      //读完身份证等信息后,才显示信息页,否则不显示
        isThereNewIDCard = false;           //下次 Timer 不显示
```

```
        }
    }

    //设备
    //读卡器:身份证操作结果信息
    void Dialog::toFindIDReadDevice()    //找身份证读卡器的端口,若找到则返回 true
    {
        unsigned char nARMVol;
        int nRet = Syn_FindUSBReader();
        if ( nRet == 0)
        {
            //infoDevice.append("没有找到读卡器");
            isThereError = true;
            deviceState = "未连接";
        }
        else
        {
            //qDebug() << "找到读卡器";
            usbPort = nRet;
            if (usbPort >1000)
            {
                //infoDevice.append(QString("读卡器连接在 USB 端口 %1").arg(usbPort));
                if (usbPort == 9999)
                {
                    nRet = Syn_OpenPort(usbPort);
                    nRet = Syn_USBHIDGetMaxByte(usbPort,&m_iMaxByte,&nARMVol);
                    //nRet = Syn_ClosePort(usbPort);
                    //infoDevice.append(QString("读卡器支持的最大通信字节数为 %1,版本 %2").
                    arg(m_iMaxByte).arg(nARMVol));
                    deviceState = "正常";
                }
            }
        }

    }

    void Dialog::toReadIDCard()
    {
        int nRet;
        QString sMsg;
        QString sText;
        unsigned char pucIIN[4];
        unsigned char pucSN[8];
        IDCardData idcardData;
        int iPhototype;
```

```
char    szBuffer[_MAX_PATH] = {0};
Syn_SetPhotoPath(1,szBuffer); //设置照片路径 iOption 路径选项 0 = C:,1 = 当前路径,2 = 指定路径
//cPhotoPath 绝对路径,仅在 iOption = 2 时有效
iPhototype = 0;
Syn_SetPhotoType(1);        //0 = bmp,1 = jpg, 2 = base64, 3 = WLT, 4 = 不生成
Syn_SetPhotoName(2);        //生成照片文件名,0 = tmp,1 = 姓名,2 = 身份证号,3 = 姓名_身份证号

Syn_SetSexType(1);         // 0 = 卡中存储的数据;1 = 解释之后的数据,男、女或未知
Syn_SetNationType(1);      // 0 = 卡中存储的数据,1 = 解释之后的数据,2 = 解释之后加"族"
Syn_SetBornType(1);        // 0 = YYYYMMDD,1 = YYYY 年 MM 月 DD 日,2 = YYYY.MM.DD,3 = YYYY - MM -
                           // DD,4 = YYYY/MM/DD
Syn_SetUserLifeBType(1);   // 0 = YYYYMMDD,1 = YYYY 年 MM 月 DD 日,2 = YYYY.MM.DD,3 = YYYY - MM -
                           // DD,4 = YYYY/MM/DD
Syn_SetUserLifeEType(1,1);  // 0 = YYYYMMDD(不转换),1 = YYYY 年 MM 月 DD 日,2 = YYYY.MM.DD,
                           // 3 = YYYY - MM - DD,4 = YYYY/MM/DD
// 0 = 长期不转换,1 = 长期转换为有效期开始 + 50 年
nRet = Syn_OpenPort(usbPort);
if (nRet == 0)
{
    if ( Syn_SetMaxRFByte( usbPort ,80 , 0) == 0)
    {
        nRet = Syn_StartFindIDCard( usbPort , pucIIN , 0 );
        if (nRet != 0) { //找卡失败或当前身份证已经被读过
            isThereNewIDCard = false;   //无新卡或者当前身份证已经被读过
            //isThereError = true;
            //infoDevice.append("身份证:查找身份证错误");
            qDebug() << "找卡失败";
            return;
        } else {
            isThereNewIDCard = true;
            qDebug() << "找卡成功";
        }


        infoDevice.clear();        //开始读身份证:要清除之前的信息
        nRet = Syn_SelectIDCard(usbPort , pucSN , 0);
        nRet = Syn_ReadMsg(usbPort , 0 , &idcardData);
        if (nRet == 0 || nRet == 1)
        {
            infoDevice.append("读取身份证信息成功!");
            sMsg = QString::fromLocal8Bit(idcardData.Name);
            sMsg += QString::fromLocal8Bit(idcardData.Sex);
            sMsg += QString::fromLocal8Bit(idcardData.Nation);
            sMsg += QString::fromLocal8Bit(idcardData.Born);
            sMsg += QString::fromLocal8Bit(idcardData.Address);
```

```
            sMsg += QString::fromLocal8Bit(idcardData.IDCardNo);
            sMsg += QString::fromLocal8Bit(idcardData.GrantDept);
            sMsg += QString::fromLocal8Bit(idcardData.UserLifeBegin);
            sMsg += QString::fromLocal8Bit(idcardData.UserLifeEnd);
            if (nRet == 1)
            {
                infoDevice.append("解码身份证照片失败。");
            }
            else
            {
                sMsg += QString::fromLocal8Bit(idcardData.PhotoFileName);
            }
            qDebug() << (sMsg);
            isThereError = false;
        }
        else
        {
            infoDevice.append("读取身份证信息错误!");
            isThereError = true;
        }
    }
    else
    {
        isThereError = true;
        infoDevice.append("身份证:打开端口错误!");
    }
    Syn_ClosePort( usbPort );
}
```

首先使用"♯include "device/SynPublic.h""引入厂商动态链接库头文件,为程序清晰起见,将头文件放在了 device 子目录中,因此引入头文件时加了目录层次。外部的"extern "C""强调使用标准 C 的方式引用头文件与 DLL。实际上,如果头文件内部已经使用"extern "C""方式定义动态链接库功能函数,那么此处亦可不加。

然后在 Dialog::Dialog(QWidget * parent)构造函数中,除了 INI 配置文件读取、程序配置升级、Hessian 连接等各种初始化之外(代码已略,详细内容请参见第 2~4 章),还创建了一个 Timer:idTimer=startTimer(2000),其中"2000"指的是 2 000 ms,即 2 s。Qt 中创建的 Timer 必然与一个响应函数 timerEvent()相关联,这个函数由系统自带,可以直接使用。关于 Timer 的几种调用方式,本书将在第 6 章进行详细介绍。

在 timerEvent()函数中做了 3 个工作:第一个使用 toFindIDReadDevice()函数检测设备是否连接;第二个使用 toReadIDCard()函数检测身份证状态并读取身份证;第三个是将设备状态、身份证读取状态与读取结果的简要信息,在程序界面上以更新鼠标右键菜单的方式通知用户,使用户掌握第一手动态,实时了解程序运行情况。提供的简要信息包括当前用户、设备的状态是否有故障等,这些信息实时地传递给程序的鼠标右键菜单,在单击鼠标右键显示菜单时实时变化。该功能在第 2 章已进行详细介绍,此处不再赘述。

toFindIDReadDevice()函数寻找并打开身份证读卡器设备。首先使用 Syn_FindUS-BReader()函数寻找设备,这个函数是厂商封装函数。如果设备已经正确插入计算机 USB 口,则程序会返回端口号。根据厂商说明文档,如果端口号大于 1 000,则说明程序执行正确;如果端口号为 9999,则表明设备为指定的某型号设备,可以针对该型号设备继续进行操作。Syn_OpenPort(usbPort)函数即打开端口号,其实际功能与公安部标准函数接口 SDT_OpenPort(iPort)的功能完全一致。然后设置波特率等信息,接着将 deviceState 变量设为“正常”,它与界面更新菜单功能相关联。

toReadIDCard()完成二代身份证读取工作。首先代码做了一些设置工作,这些设置由设备厂商制订,然后用户须根据具体设备进行具体处理。Syn_StartFindIDCard()函数寻找身份证,如果设备上没有放置身份证,或者上一个身份证已经被读出但未取走,则都会返回错误。这个功能很重要,否则一个身份证可能被反复读取,从而出现问题。

infoDevice. clear()语句的目的在于,如果要读取一个新的身份证,则要把上次读取身份证的结果清空,从而为用户提供新的信息。

之后,程序 Syn_SelectIDCard()选择了身份证,Syn_ReadMsg()函数是核心语句,它将身份证信息读出、解码后存储在 idcardData 数据结构中。用户可通过 idcardData. Name、idcardData. Nation 等直接处理读出的解码信息。这些函数是特定厂商提供的功能函数,不同厂商会有所区别,但大体流程完全一致。用户可以针对自己的二代身份证读卡器设备,参考其手册后自行仿制该段程序。

5.2.3.2　身份证信息的原始格式

二代身份证中存储的信息由算法计算后编码,不可以直接读取。5.2.3.1 小节例中的 Syn_ReadMsg()函数读取了身份证信息并自行解码,用户可以直接获取其中的详细信息。但有时有些程序需要身份证编码的原始格式,也就是说,程序读出的解码信息还需要还原到二代身份证卡片中的原始状态。针对这种特殊的需求,下面将给出程序把二代身份证姓名、国籍等文字信息重新编码至原始状态,代码如下:

```cpp
QByteArray Dialog::compressToWZBin(QString Name, QString Sex, QString Nation, QString Birthday,
QString Address, QString IdCode, QString Dept, QString Signdate, QString ValidtermOfStart, QString
ValidtermOfEnd){
    QByteArray adt(256, 0x20);
    for (int i = 0; i < 256; i += 2) {
        adt[i + 1] = 0x00;
    }

    QByteArray bName((const char * )Name.utf16(), Name.length() * 2);
    adt.replace(0, bName.length(), bName);

    QString Sextmp = (Sex == "男"? "1":"2");
    QByteArray bSex((const char * )Sextmp.utf16(), Sextmp.length() * 2);
    adt.replace(30, bSex.length(), bSex);
```

```
QString nationCode = "";
if (Nation == "汉") {        nationCode = "01"; }
    else if (Nation == "蒙古") {        nationCode = "02"; }
    else if (Nation == "回") {        nationCode = "03"; }
    else if (Nation == "藏") {        nationCode = "04"; }
    else if (Nation == "维吾尔") {        nationCode = "05"; }
    else if (Nation == "苗") {        nationCode = "06"; }
    else if (Nation == "彝") {        nationCode = "07"; }
    else if (Nation == "壮") {        nationCode = "08"; }
    else if (Nation == "布依") {        nationCode = "09"; }
    else if (Nation == "朝鲜") {        nationCode = "10"; }
    else if (Nation == "满") {        nationCode = "11"; }
    else if (Nation == "侗") {        nationCode = "12"; }
    else if (Nation == "瑶") {        nationCode = "13"; }
    else if (Nation == "白") {        nationCode = "14"; }
    else if (Nation == "土家") {        nationCode = "15"; }
    else if (Nation == "哈尼") {        nationCode = "16"; }
    else if (Nation == "哈萨克") {        nationCode = "17"; }
    else if (Nation == "傣") {        nationCode = "18"; }
    else if (Nation == "黎") {        nationCode = "19"; }
    else if (Nation == "傈僳") {        nationCode = "20"; }
    else if (Nation == "佤") {        nationCode = "21"; }
    else if (Nation == "畲") {        nationCode = "22"; }
    else if (Nation == "高山") {        nationCode = "23"; }
    else if (Nation == "拉祜") {        nationCode = "24"; }
    else if (Nation == "水") {        nationCode = "25"; }
    else if (Nation == "东乡") {        nationCode = "26"; }
    else if (Nation == "纳西") {        nationCode = "27"; }
    else if (Nation == "景颇") {        nationCode = "28"; }
    else if (Nation == "柯尔克孜") {nationCode = "29"; }
    else if (Nation == "土") {        nationCode = "30"; }
    else if (Nation == "达斡尔") {        nationCode = "31"; }
    else if (Nation == "仫佬") {        nationCode = "32"; }
    else if (Nation == "羌") {        nationCode = "33"; }
    else if (Nation == "布朗") {        nationCode = "34"; }
    else if (Nation == "撒拉") {        nationCode = "35"; }
    else if (Nation == "毛南") {        nationCode = "36"; }
    else if (Nation == "仡佬") {        nationCode = "37"; }
    else if (Nation == "锡伯") {        nationCode = "38"; }
    else if (Nation == "阿昌") {        nationCode = "39"; }
    else if (Nation == "普米") {        nationCode = "40"; }
    else if (Nation == "塔吉克") {        nationCode = "41"; }
    else if (Nation == "怒") {        nationCode = "42"; }
    else if (Nation == "乌孜别克") {nationCode = "43"; }
    else if (Nation == "俄罗斯") {        nationCode = "44"; }
    else if (Nation == "鄂温克") {        nationCode = "45"; }
    else if (Nation == "德昂") {        nationCode = "46"; }
    else if (Nation == "保安") {        nationCode = "47"; }
```

```
            else if（Nation == "裕固"）{        nationCode = "48"; }
            else if（Nation == "京"）{          nationCode = "49"; }
            else if（Nation == "塔塔尔"）{       nationCode = "50"; }
            else if（Nation == "独龙"）{         nationCode = "51"; }
            else if（Nation == "鄂伦春"）{       nationCode = "52"; }
            else if（Nation == "赫哲"）{         nationCode = "53"; }
            else if（Nation == "门巴"）{         nationCode = "54"; }
            else if（Nation == "珞巴"）{         nationCode = "55"; }
            else if（Nation == "基诺"）{         nationCode = "56"; }
            else { nationCode = "01";      }
        QByteArray bNationCode((const char * )nationCode.utf16(), nationCode.length() * 2);
        adt.replace(32, bNationCode.length(), bNationCode);

        QByteArray bBirthday((const char * )Birthday.utf16(), Birthday.length() * 2);
        adt.replace(36, bBirthday.length(), bBirthday);

        QByteArray bAddress((const char * )Address.utf16(), Address.length() * 2);
        adt.replace(52, bAddress.length(), bAddress);

        QByteArray bIdCode((const char * )IdCode.utf16(), IdCode.length() * 2);
        adt.replace(122, bIdCode.length(), bIdCode);

        QByteArray bDept((const char * )Dept.utf16(), Dept.length() * 2);
        adt.replace(158, bDept.length(), bDept);



        QString ValidtermOfStarttmp = ValidtermOfStart.replace(".", "");
        QByteArray bValidtermOfStart((const char * )ValidtermOfStarttmp.utf16(), ValidtermOfStar-
    ttmp.length() * 2);
        adt.replace(188, bValidtermOfStart.length(), bValidtermOfStart);

        QString ValidtermOfEndtmp = ValidtermOfEnd.replace(".", "");
        QByteArray bValidtermOfEnd((const char * )ValidtermOfEndtmp.utf16(), ValidtermOfEndtmp.
    length() * 2);
        adt.replace(204, bValidtermOfEnd.length(), bValidtermOfEnd);

//      qDebug() << BTOH_NEW(adt.data(), adt.length());
//      QFile f("wz.bin");
//      if (!f.open(QIODevice::WriteOnly))
//          return NULL;
//      QDataStream out(&f);
//      f.write(adt);
//      f.flush();
//      f.close();

        return adt;
}
```

由上述代码可知，该函数的参数是二代身份证全部文字信息的字符串，包括姓名、民族等；其返回值是 QByteArray 类型，一个二进制数组对象。

函数的第一条语句是"QByteArray adt(256，0x20)"，该变量就是最后要返回的变量，这里将它初始化。由于二代身份证对姓名、民族等文字信息编码后大小是 256 字节，因此将其初始化为 256 字节。此外，在二代身份证文字信息的二进制编码中，无数据部分不是全以 0x00 的形式填充，而是使用 0x20 与 0x00 交替填充，因此也先用 0x20 与 0x00 交替填充的全空二进制编码数组初始化 QByteArray adt 变量，待后续慢慢填充完整。

需要说明的是，身份证卡片中的文字信息使用了 Unicode16 编码，因此所有相关信息都要先由本地 QString 转换为 Unicode16。首先是身份证姓名，由"QByteArray bName((const char *)Name. utf16()，Name. length() * 2)"语句先将 Name 变量由 QString 转换为 utf16，然后再强制转换为(const char *)类型，作为参数传递给 QByteArray bName。注意，由于身份证姓名字符串由 QString 转换为 Unicode16，而 Unicode16 使用 2 字节编码一个字符，因此，转换后字符串的二进制长度变为原来的 2 倍。之后，使用 adt. replace(0，bName. length()，bName)函数，将转换后的姓名信息填充到 adt 二进制数组中。这里需要注意参数"0"，它将姓名信息放到了 adt 二进制数组的首位上。而在后面的代码中，读者还会看到"民族""身份证号码"等信息，分别被放在 adt 二进制数组的不同位上。注意，这些位次由二代身份证编码明确要求，不能混乱。

经验分享——Qt 字符串编码转换

Qt 不同版本的字符串函数变化非常大，尤其在编码转换方面，许多函数适用 4.0＋版本，但在新版本中完全不能使用。

虽然 Qt 的字符串函数功能非常强大，许多在 C 语言中非常复杂的操作，Qt 一条语句就能实现，但 Qt QString 字符串转 Unicode 16 并没有直接语句。

Qt 进行字符串编码方式转换是一件比较麻烦的事，因为对 Qt 字符串来说有一个"本地化"的概念，也就是说，在操作系统中安装了 Qt 后，有一个默认的"本地化"字符串格式，对使用简体字符集的程序来说，这个"本地化"可能是"GB2312"，有的还可能是"GBK"，不易确定。因此，如果 Qt 程序没给出直接的转换函数，那么要实现这个功能就需要进行大量尝试。笔者最后使用了 Qt 字符串函数结合 C 语言字符串处理的方式，将 QString 字符串转换为 Unicode 16 字符串。读者可以直接使用这些代码，也可以尝试寻找更简单、快捷的实现方式。

然后是性别、民族等信息。需要注意的是民族信息，要对所有可能的民族进行判断，然后针对返回结果再做编码转换。另外还需要注意的是日期，在二代身份证的编码中没有"."这个字符，因此需要先对输入的字符串进行处理后再转换。

最后需要强调的是，编码转换后的信息要依次按位放入 adt 中，如身份证号码 bIdCode 要放在第 122 位，有效期要放在第 188 位。这些信息由身份证本身定义，不能修改，否则会报错。

5.2.3.3　身份证照片与指纹信息

身份证照片与指纹信息均以公安部算法压缩存储，在二代身份证中，它们所占字节空间为 1 024 字节。

使用公安部标准 DLL 的函数读取照片和指纹信息时,直接将这 1 024 字节数据读出到指定数组中,然后进行解码操作。例如,将身份证照片解码成 JPEG 图片格式,显示在用户的程序界面上。

但在本书配套资料"sources \ chapter05 \ 01"中,函数 Syn_ ReadMsg (usbPort,0,&idcardData)读出的照片信息在函数内部就进行了解码,并通过 Syn_SetPhotoType()和 Syn_SetPhotoName()两个函数分别指定了照片的解码格式以及照片文件的文件名。程序还有个参数"QString strD=m_cstrAbsoluteLocalBin",用于指定将解码后的照片等信息放在哪个目录中,这里将它定义为程序主目录下面的 localbin 目录。

实际上,本书所使用的身份证读卡器厂商将这部分解码的算法集成在动态链接库中,加上照片和指纹的解码算法并不复杂,读者可以通过网络找到很多解决方案,在此不再赘述。

需要注意的是,有些应用程序既需要身份证解码后的 JPEG 照片,又需要原始的 1 024 字节编码压缩状态,本书程序将同时使用这两种照片形式。

5.2.3.4　Hessian 上传身份证信息

远程传输与控制系统通过身份证读卡器将身份证信息读出后,要通过 Hessian 协议将它传给远端服务器上的 Java 程序,然后由 Java 程序负责将其放入数据库,或者提供给其他应用。

这部分代码请参见本书配套资料"sources\chapter05\02",其中主要代码如下所示。首先是 dialog.h 主程序头文件,在其中先定义 Hessian 上传身份证信息的函数与变量接口。

```
//dialog.h
//...
    //1.1 读卡器:身份证操作结果信息
    bool toFindIDReadDevice();
    void toReadIDCard();
    void uploadIDCardByHessian();    //读到新卡后向网络提交
void uploadFGByHessian();            //比对指纹后向网络提交
//...
```

接下来是主程序 dialog.cpp 的部分代码:

```
//...
void Dialog::timerEvent(QTimerEvent * e)
{
//qDebug() << "user: " << curUserName << " == > userID: " << curUserID;
    if (!isLogin || m_isProcessing) return;
    m_isProcessing = true;
    //1.检测设备
    if (toFindIDReadDevice()) {    //如果找到设备:读身份证、上传
        //1. 检测身份证
        //1.1 读身份证信息:json, id.jpg, id.zp.bin, (id.zw.jpg) id.zw.bin
        toReadIDCard();
        //1.2 通过 Hessian 协议上传
        if (isThereNewIDCard) {
```

```
                //qDebug() << "new id card.";
                uploadIDCardByHessian();
        }

        //2. 指纹扫描器:扫描指纹,与身份证中的指纹信息做对比
        //采集指纹:① 记录当前身份证号,将采集指纹命名为 id.zwcj.bin
                    //② 在不移动身份证的状态下比对指纹,如果成功,产生 JSON 串, + id.zwcj.bin =>
                //通过 Hessian 协议提交;如果不成功,提示用户是否提交,如果提交,则产生 JSON
                //串(标识错误), + id.zwcj.bin =>通过 Hessian 协议提交,否则,重新采集指纹
                //(即重新等待 Timer)
        //3. 写卡
    }


    //2. 更新菜单和信息页
    //2.1 更新图标
    setBothIcons(isThereError? 1 : 0);
    //2.2 更新菜单
    userMsg->setText("当前用户:" + curUserName);
    deviceMsg->setText("当前设备:" + deviceName + " " + deviceState);
    if (isThereNewIDCard) {
        showMessage();              //读完身份证等信息后才显示信息页,否则不显示
        isThereNewIDCard = false;   //下次 Timer 不显示
    }


    //3. 处理 Timer 完成
    m_isProcessing = false;         //表示处理完成
}
```

对于 Timer 处理函数,前文已经介绍,每隔 2 s 该函数运行一次。注意,与 01 版本不同的是,它在选身份证时增加了逻辑判断"if (toFindIDReadDevice()){}",只有找到了设备,才能进行打开端口、读卡、关闭端口的操作。

读出的身份证信息包括姓名、民族等字符串信息,以及照片、指纹等二进制信息,这些信息要怎样通过 Hessian 协议传给远端服务器上的 Java 程序呢？答案是,使用 JSON 串封装字符串信息,使用 Hessian 协议直接传递二进制数据。

（1）使用 JSON 串封装字符串信息

前面已经介绍,Hessian 协议传递字符串信息是非常容易的,直觉上,可以将身份证读卡器读出的姓名、民族等字符串信息依次传递给远端程序。但是,一方面,由于身份证读卡器读出的姓名、民族等字符串信息内容比较多且杂,把它们分别当作一个一个的参数传递,效率不佳;另一方面,有时根据业务需求,客户端程序通过 Hessian 协议向服务器端传递的信息可能有变化,如果每变一次都要更改参数个数、类别,那么服务器端和客户端的程序员工作量将大大增加;相反,如果使用某种技术将所有字符串封装起来,当作一个参数传递给远端,那么将这个封装字符串里无论增加还是减少字符串,对服务器和客户端程序来说,处理的都是一个大的封装字符串,接口无需任何改变。

封装字符串的技术比较多,当下最流行的技术是 JSON 技术,它以简捷、高效著称。另外,由于它以字符串明文的形式进行逻辑化存储,易于程序员像操作文本文件那样直接读取,因此广受欢迎。关于 Qt 程序处理 JSON 串的多种方法将在第 6 章将进行详细介绍,这里只给出操作适合身份证姓名、民族等字符串信息的处理代码,下面将会列出。

(2) 使用 Hessian 协议直接传递二进制数据

由于 Hessian 协议可以直接处理二进制信息,因此本书程序将身份证照片、指纹信息直接当作参数传给远端服务器。

随笔漫谈——二进制数据的网络传输

早年计算机网络和计算机系统相似,都针对处理二进制数据与信息进行了优化,非常适合传递二进制数据。例如 FTP 技术,非常适合用于二进制文件的上传与下载,由于二进制信息文件要比普通文本格式紧缩,因此效率通常比较高。但是,FTP 技术却没有被广泛使用。

后来基于 HTTP 的 Web 技术推出来了,它处理的全是字符串格式的文本信息。可能有一天,大量的程序员会发现,计算机程序处理的信息不再是以前只有"大牛"才看得懂的机器码和二进制,而是大伙都能看懂的英文字符,这一下计算机的门槛好像终于降低了,大量的程序员产生了。在 Web 技术领域参与的人多了,技术也就多了,再加上艺术家们对 Web 用户接口做了优化,普通用户也可以通过浏览器看到精美灵活的界面,使得 Web 技术火得不得了。

但是请注意,从技术上来说,Web 技术只能处理文本信息;从理论上来讲,它与早期的网络技术相比效率降低了。

此外,由于普通网络用户还要在网上传递二进制的 EXE 安装包、JPEG 图片、视频等信息,所以有一段时间,有一些技术(如 b64 编码)可以将 JPEG、EXE 数据转化为一系列长长的字符串,再和其他字符串一起,通过网络传输。但是,把 JPEG 变成字符串,所用字节长度会变大,也就是说,使用字符串形式通过网络传输信息,效率变得更低了。当然,今天的 Web 技术已经针对二进制信息做了专门优化。

看到这里,读者可能会有些感触,本身可以很容易处理二进制数据的网络技术,反而被不善于处理二进制数据的技术取代,而这些技术因为不得不再处理二进制数据而产生一些新的、低效的扩展,使得效率降低。这些"螺旋"式的技术发展"曲"线,何尝不是社会生活等非技术领域发展的真实写照呢?

到目前为止,HTTP 的 Html、XML,电子邮件的 SMTP、POP、IMAP 等协议都还只能处理纯文本信息,有二进制数据需求的,则需要使用 b64 编码进行转换。与此相比,Hessian 虽然工作在 Web 层,但它可以直接处理二进制数据,这已是一个不错的扩展。

JSON 转换与 Hessian 传递的代码在下面的 2 个函数中,具体如下:

```
void Dialog::toReadIDCard()
{
    int nRet;
    QString sMsg;
    QString sText;
```

```
unsigned char pucIIN[4];
unsigned char pucSN[8];
char szPathFG[_MAX_PATH] = {0};    //指纹图片位置
IDCardData idcardData;
int iPhototype;
//char szBuffer[_MAX_PATH] = { "e:\\download" };
QString strD = m_cstrAbsoluteLocalBin;
strD.replace("/", "\\");
//qDebug() << strD;
char * szBuffer = strD.toLatin1().data();
Syn_SetPhotoPath(2, szBuffer);  //设置照片路径,iOption 路径选项 0 = C:,1 = 当前路径,2 = 指定
                                //路径
//cPhotoPath 绝对路径,仅在 iOption = 2 时有效
iPhototype = 0;
Syn_SetPhotoType(1);            //0 = bmp,1 = jpg , 2 = base64 , 3 = WLT ,4 = 不生成
                                //注意,同时生成 id.zp.bin
Syn_SetPhotoName(2);            //生成照片文件名,0 = tmp,1 = 姓名,2 = 身份证号,3 = 姓名_身份
                                //证号
Syn_SetSexType(1);             //0 = 卡中存储的数据;1 = 解释之后的数据,男、女、未知
Syn_SetNationType(1);          //0 = 卡中存储的数据;1 = 解释之后的数据,2 = 解释之后加"族"
Syn_SetBornType(3);            //0 = YYYYMMDD,1 = YYYY 年 MM 月 DD 日,2 = YYYY.MM.DD,3 = YYYY -
                               //MM - DD,4 = YYYY/MM/DD
Syn_SetUserLifeBType(2);       //0 = YYYYMMDD,1 = YYYY 年 MM 月 DD 日,2 = YYYY.MM.DD,3 = YYYY -
                               //MM - DD,4 = YYYY/MM/DD
Syn_SetUserLifeEType(2,2);     //0 = YYYYMMDD(不转换),1 = YYYY 年 MM 月 DD 日,2 = YYYY.MM.DD,
                               //3 = YYYY - MM - DD,4 = YYYY/MM/DD
// 0 = 长期不转换,1 = 长期转换为有效期开始 + 50 年
nRet = Syn_OpenPort(usbPort);
if (nRet == 0)
{
    if ( Syn_SetMaxRFByte( usbPort ,80 , 0) == 0)
    {
        nRet = Syn_StartFindIDCard( usbPort , pucIIN , 0 );
        if (nRet != 0) { //找卡失败或当前身份证已经被读过
            isThereNewIDCard = false;
            //isThereError = true;
            //infoDevice.append("身份证:查找身份证错误");
            qDebug() << "找卡失败";
            return;
        } else {
            isThereNewIDCard = true;
            qDebug() << "找卡成功";
        }
        infoDevice.clear();        //开始读身份证:要清除之前的信息
        nRet = Syn_SelectIDCard( usbPort , pucSN , 0 );
```

```
//nRet = Syn_ReadMsg( usbPort , 0 , &idcardData);
nRet = Syn_ReadFPMsg( usbPort , 0 , &idcardData, szPathFG);
if ( nRet == 0 || nRet == 1)
{
    infoDevice.append("读取身份证信息成功!");
    //形成 JSON 串
    QJsonObject json;
    json.insert("Name", QString::fromLocal8Bit(idcardData.Name).trimmed());
    json.insert("Sex", QString::fromLocal8Bit(idcardData.Sex).trimmed());
    json.insert("Nation", QString::fromLocal8Bit(idcardData.Nation).trimmed());
    json.insert("Birthday", QString::fromLocal8Bit(idcardData.Born).trimmed());
    json.insert("Address", QString::fromLocal8Bit(idcardData.Address).trimmed());
    json.insert("IdCode", (m_strCurID = QString::fromLocal8Bit(idcardData.IDCard-
No).trimmed()));
    //qDebug() << ":::" << m_strCurID ;
    json.insert("Dept", QString::fromLocal8Bit(idcardData.GrantDept).trimmed());
    json.insert("Signdate", QString::fromLocal8Bit(idcardData.GrantDept).trimmed());
    json.insert("ValidtermOfStart", QString::fromLocal8Bit(idcardData.UserLife-
Begin).trimmed());
    json.insert("ValidtermOfEnd", QString::fromLocal8Bit(idcardData.UserLifeEnd).
trimmed());
    json.insert("UserId", curUserID);
    json.insert("Version", "CVR");
    //兼容旧版本
    json.insert("SamId", "");
    json.insert("DealerId", "");
    json.insert("DealerNo", "");
    json.insert("WrapName", "");

    QJsonDocument document;
    document.setObject(json);
    QByteArray byte_array = document.toJson(QJsonDocument::Compact);
    QString json_str(byte_array);
    m_strIDCardJSON = json_str;
    //qDebug() << "---" << json_str;
    /* QFile file("json.txt");
    if (!file.open(QIODevice::WriteOnly)) {
        qDebug() << "文件出错。";
        return ;
    }
    QTextStream myStream(&file);
    myStream << json_str;
    file.close(); */
```

```
            if (nRet == 1)
            {
                infoDevice.append("解码身份证照片失败。");
            }
            if (szPathFG[0] == 0)
            {
                infoDevice.append("身份证中无指纹信息。");
            } else {
                infoDevice.append("读取身份证指纹信息成功!");
            }

            isThereError = false;
        }
        else
        {
            infoDevice.append("读取身份证信息错误!");
            isThereError = true;
        }
    }
    }
    else
    {
        isThereError = true;
        infoDevice.append("身份证:打开端口错误!");
    }
    Syn_ClosePort( usbPort );
}


void Dialog::uploadIDCardByHessian()
{
    //1. 准备参数
    //1.1 m_strIDCardJSON
    //qDebug() << "json is:" << m_strIDCardJSON;
    //1.2 身份证照片
    // m_cstrLocalBin:目录
    QByteArray bidPic, bidPicBin, bfgBin;
    QString idPicName = m_strCurID + ".Jpg";
    QFile idPicFile(m_cstrAbsoluteLocalBin + "/" + idPicName);
    //qDebug() << " == = " << m_cstrAbsoluteLocalBin + "/" + idPicName;
    if (!idPicFile.open(QIODevice::ReadOnly)) {
        //qDebug() << "打开身份证照片文件失败。";
        bidPic = NULL;
    } else {
        bidPic = idPicFile.readAll();
        qDebug() << " ==" << bidPic.size();
```

```
    }
    idPicFile.close();

    //1.3 身份证照片源数据
    QString idPicBinName = m_strCurID + ".zp.bin";
    QFile idPicBinFile(m_cstrAbsoluteLocalBin + "/" + idPicBinName);
    if (!idPicBinFile.open(QIODevice::ReadOnly)) {
        //qDebug() << "打开身份证照片源数据 id.zp.bin 文件失败。";
        bidPicBin = NULL;
    } else {
        bidPicBin = idPicBinFile.readAll();
        qDebug() << " == " << bidPicBin.size();
    }
    idPicBinFile.close();

    //1.4 指纹源数据
    QString fgBinName = m_strCurID + ".zw.bin";
    QFile fgBinFile(m_cstrAbsoluteLocalBin + "/" + fgBinName);
    if (!fgBinFile.open(QIODevice::ReadOnly)) {
        qDebug() << "打开指纹源数据 id.zw.bin 文件失败。";
        bfgBin = NULL;
    } else {
        bfgBin = fgBinFile.readAll();
        qDebug() << " == " << bfgBin.size();
    }
    fgBinFile.close();

    //2. 上载
    pHc ->uploadIdCardCall(m_strIDCardJSON, bidPic, bidPicBin, bfgBin); //先测非空数组
    while (!pHc ->isReplyDone()) {
        QCoreApplication::processEvents();
    }
    if (pHc ->isUploadIdCardSuccess()) {
        infoDevice.append("身份证信息上传成功!");
    } else {
        infoDevice.append("身份证信息上传失败。");
    }
}

void HessianConnect::uploadIdCardCall(const QString& strIDCard, const QByteArray& photo, const QByteArray& photoSrc, const QByteArray& fgSrc)
{
    bReplyDone = false;
    //qDebug() << "in uploadIdCardCall()";
    QHessian::QHessianMethodCall call("uploadIdCardInfo"); //Java 函数名
```

```
QByteArray photo2 = QString("NOPhoto").toLatin1();
QByteArray photoSrc2 = QString("NOPhotoBin").toLatin1();
QByteArray fgSrc2 = QString("NOFGBin").toLatin1();
call << QHessian::in::String(strIDCard);
photo.length()>0? call << QHessian::in::Binary(photo) : call << QHessian::in::Binary
(photo2);
photoSrc.length()>0? call << QHessian::in::Binary(photoSrc) : call << QHessian::in::Bi-
nary(photoSrc2);
photo.length()>0? call << QHessian::in::Binary(photo) : call << QHessian::in::Binary
(photo2);        //不需要
fgSrc.length()>0? call << QHessian::in::Binary(fgSrc) : call << QHessian::in::Binary(fgSrc2);

call.invoke( * pManager,
        hessianUrl,
        this,
        SLOT(uploadIdCardReply()),
        SLOT(error(int, const QString&)));
//qDebug() << "in uploadIdCardCall() ->after invoke;";
return;
}
```

在读出身份证信息后,直接将其变换成 JSON 串。代码比较简单,被嵌入到身份证读取函数 toReadIDCard()中。代码先定义 QJsonObject json 变量,然后将 json.insert()函数插入到 JSON 串中。注意,在参数中,第一个参数是 JSON 的键,第二个参数是值。例如 json.insert("Name", QString::fromLocal8Bit(idcardData.Name).trimmed())函数,将身份证的名字字符串插入到 JSON 串的"Name"键,形成一一对应关系。QString::fromLocal8Bit()函数是编码格式转换函数,因为身份证读卡器设备厂商在解码身份证信息时,字符编码未在手册中提及,因此笔者尝试了多种函数判断其编码格式,最后使用 QString::fromLocal8Bit()函数才完成了处理。

使用 json.insert()函数依次将民族、身份证号码等插入 json 对象后,最后形成 JSON 串。这部分代码如下:

```
QJsonDocument document;
document.setObject(json);
QByteArray byte_array = document.toJson(QJsonDocument::Compact);
QString json_str(byte_array);
m_strIDCardJSON = json_str;
```

需要注意的是,代码有固定格式,读者可以仿用,但不可以更改。在生成 json_str 字符串后,将其赋给类层次变量 m_strIDCardJSON,这样在这个类的存活期间,所有类属函数均可以访问该变量。

接下来是 Hessian 上传函数 uploadIDCardByHessian(),这里要传 4 组参数:

① 以 JSON 串格式存储的身份证字符串信息。

这部分信息已经获取,存储在类全局变量 m_strIDCardJSON 中。

② 身份证照片的原始码 1 024 字节数据、解码后的照片、指纹数据。

如前所述,在读取身份证信息的 toReadIDCard() 函数中,通过 SetPhotoType、SetPhotoName、SetPhotoPath 等函数设置所读取的身份证照片、原始文件、指纹数据的文件名前缀是身份证号码,后缀根据文件格式确定,如果是 JPEG 则后缀是. jpg,如果是原始数据格式则后缀是. bin。这些文件的存储位置是 m_cstrAbsoluteLocalBin 指定的 localbin 目录。程序分别使用"QString idPicName＝m_strCurID ＋ ". Jpg";"和"QFile idPicFile(m_cstrAbsoluteLocalBin ＋ "/" ＋ idPicName);"语句找到目标文件后,然后将其读出到二进制数组对象 bidPic、bidPicBin 和 bfgBin 中。

最后使用 pHc ->uploadIdCardCall(m_strIDCardJSON,bidPic,bidPicBin,bfgBin)函数将 4 组参数一次性通过 Hessian 协议传输到网络。其代码与之前介绍的 Hessian 函数调用方式相同,这里不再赘述。但需要注意的是,有时身份证照片与指纹数据未能读取成功,这样传递的参数就是空数据。

Hessian 协议可以处理 NULL 参数,但本例并不完全一致,因为如果有数据,则参数类型就是 Binary。为统一起见,程序定义了类似"QByteArray photo2＝QString("NOPhoto"). toLatin1();"的 3 个包含了"NOPhoto"的二进制串,如果照片为空,则传递的不是空串,而是包含"NOPhoto"的二进制串。因此对 Hessian 协议来说,它传递的总是非空的照片信息,只不过有时照片信息是"NOPhoto"串,此时服务器端需要做出相应的处理。

5.2.4　兼容性

应用程序需要有兼容性,尤其是硬件兼容性。当插入新的不同厂商的硬件设备运行程序时,大多数情况下,用户都希望程序依然能够正常工作。对应用程序而言,需要对这块进行优化。当然,没有任何程序能够保证兼容所有各类硬件设备,我们只尝试兼容一些非常常见的设备。

从根本上来说,所有的身份证读卡器硬件设备都是基于公安部的标准芯片模块,支持公安部的标准 DLL,因此只要各厂商在动态链接库兼容,程序就能够很好地兼容这些厂商的设备。经过笔者尝试,绝大多数常见的厂商设备都与本程序兼容,也就是说,不需要修改任何代码就可以连接不同的厂商设备,运行程序。

实际上,肯定有设备是不兼容的,遇到这种情况怎么办呢? 以山东某厂商设备为例,简要给出示例代码,具体如下:

```
void Dialog::timerEvent(QTimerEvent * e)
{
    //qDebug() << "user:" << curUserName << "==>" userID:" << curUserID;
    if (!isLogin || m_isProcessing) return;
    m_isProcessing = true;
    //1. 检测设备
    IDCARDTYPE idType = IDCARD_UNKOWN;
    if (toFindIDReadDevice())
        idType = IDCARD_XZXANDNORMAL;
    else if (toFindIDReadDevice_sd())
```

```
        idType = IDCARD_SD;

    if (idType != IDCARD_UNKOWN) {    //找到了设备:读身份证、上传、扫描指纹、比对、上传
        //2. 检测身份证
        //2.1 读身份证信息:json, id.jpg, id.zp.bin, (id.zw.jpg) id.zw.bin
        if (idType == IDCARD_XZXANDNORMAL)
            toReadIDCard();
        else if (idType == IDCARD_SD)
            toReadIDCard_sd();
        //2.2 通过 Hessian 协议上传
        if (isThereNewIDCard) {
            //qDebug() << "new id card.";
            uploadIDCardByHessian();
        }
//...
    }
    //...
}
```

使用 idType 变量标识当前设备种类是标准 Normal 设备,还是山东 SD 设备。不同的设备需要调用不同的身份证读卡函数。要调用不同的读卡函数,需要先加载这些不同厂商的动态链接库文件,然后加载它们的头文件,最后根据各厂商的手册使用这些函数。基本流程与前述内容完全相同,只不过代码稍稍麻烦一些,此处不再赘述。

5.3　SIM 卡读/写卡器

5.3.1　SIM 卡

SIM(Subscriber Identification Module,客户识别模块)卡也称为用户身份识别卡、智能卡,它是手机里的小卡片,是手机的"身份证",记录了手机的重要信息,没有它就无法通信。在这个 SIM 卡上设有微型电路芯片,存储了数字移动电话客户的信息、加密的密钥以及用户的电话簿等内容,可供 GSM 网络对客户身份进行鉴别,并对客户通话时的语音信息进行加密。一张 SIM 卡能够唯一标识一个用户,其可插入任何一部兼容 GSM 的手机,为用户提供安全可靠的通信服务。

从技术发展来看,SIM 卡是 IC 智能卡的一种。自 1970 年法国工程师发明 IC 卡以来,经过 20 世纪 80 年代、90 年代的技术快速发展,IC 卡已经从公共预付费电话卡扩展到移动通信手机领域,尤其是 90 年代后期,随着 GSM 第二代移动通信技术的逐渐成熟,SIM 卡取得了跨越式发展,并得到了广泛应用。但那时 SIM 卡仅作为一个简单的用户身份认证载体,同时可作少量信息记录。随着 GSM 11.14 标准的推出,SIM 卡已发展成为 STK SIM 卡,其存储容量可达 128 KB 以上,具备强大的个人信息记录与管理功能,并可根据协议制定各种附加的增值服务。SIM 卡的发展历史如图 5.10 所示。

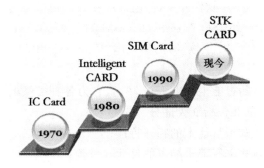

图 5.10　SIM 卡的发展历史

与其他识别卡相比,SIM 卡具有高可靠性,可防磁、防静电、防机械损坏、防化学腐蚀等。SIM 卡存储的信息可保存 100 年以上,读/写次数达 10 万次以上,可用时长达 10 年以上。此外,SIM 卡提供的加密技术可以保证卡片以及通信的安全性;STK SIM 卡存储空间远大于其他智能卡,在存储信息与处理信息的能力上有着明显的优势。

5.3.2　SIM 卡开发

从技术上讲,SIM 卡的开发需要用到以下技术体系,如图 5.11 所示。

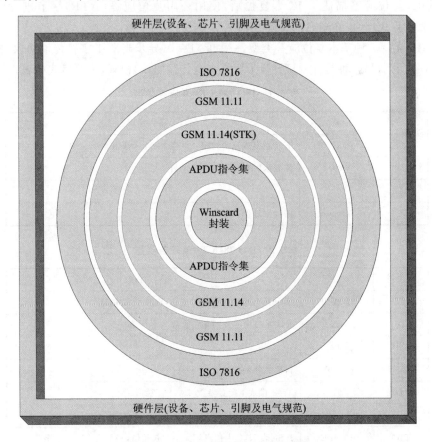

图 5.11　SIM 卡的开发技术体系结构

由于本书重点讲解的是 Qt 软件开发,与硬件层相关的电气规范、电路设计等此处不再介绍。下面将从外到内分别介绍 ISO 7816 标准、GSM 11.11 协议、GSM 11.14 协议、APDU 指令集与微软 Windows 平台下 IC 卡读/写的集成库 Winscard.dll。

5.3.2.1　ISO 7816

ISO 7816 的全称为国际智能卡标准 ISO 7816,它为各种类型的 IC 卡提供国际通用标准(当然也包括 SIM 卡),标准共包括 9 大部分:

- ISO 7816-1:接触式卡智能卡的物理特性;
- ISO 7816-2:接触式卡智能卡触点的尺寸与位置;
- ISO 7816-3:接触式卡智能卡的电信号和传输协议;
- ISO 7816-4:接触式卡智能卡与外界交互的界面;
- ISO 7816-5:接触式卡智能卡应用的命名方式与注册系统;
- ISO 7816-6:接触式卡智能卡与外界交互的资料物件;
- ISO 7816-7:接触式卡智能卡的结构化查询语句;
- ISO 7816-8:接触式卡智能卡与安全有关的指令;
- ISO 7816-9:接触式卡智能卡附加指令与安全参数。

ISO 7816 除了定义 IC 卡芯片物理结构与电气规范之外,还针对字符物理通信给出了明确说明,其中,复位应答描述了 IC 卡复位后,使用一串复位应答(ATR)字节进行应答通信。这些字节规定了 IC 卡与终端之间所建立的通信参数。

ISO 7816 支持 2 种基本复位应答类型,一种是 T=0(异步半双工字符传输协议)模式,字符格式如表 5.1 所列,另一种是 T=1(异步半双工字组传输协议)模式,字符格式如表 5.2 所列。

表 5.1　ISO 7816 T=0 应答类型

字　符	值	备　注
TS	3B 或 3F	表示正向或反向约定。注意,SIM 卡常用 3F
T0	6X	X 表示历史字节的存在个数
TB1	00	—
TC1	00~FF	需要额外保护时间

表 5.2　ISO 7816 T=1 应答类型

字　符	值	备　注
TS	3B 或 3F	表示正向或反向约定。注意,SIM 卡常用 3F
T0	EX	X 表示历史字节的存在个数
TB1	00	—
TC1	00~FF	需要额外保护时间
TD1	81	T=1 模式下配置参数 TA2-TC2 不存在
TD2	31	T=1 模式下配置参数 TC3-TD3 不存在
TA3	10~FE	IFSI,表示 IC 卡信息域大小的初始值,一般为 16~254 字节
TB3	—	BWI 为 0~4,CWI 为 0~5

ISO 7816 面向所有类型的 IC 卡制定了规范,并未对 SIM 卡进行优化。GSM 11.11 是面向 GSM 的通信国际标准,其中对 SIM 卡通信进行了说明。

5.3.2.2 GSM 11.11

参考 ISO 7816 标准以及 GSM 02、GSM 03 系列协议,推出了 GSM 11.11 协议。GSM11.11 协议规定了移动台人机接口(MMI)和用户识别模块(SIM)与移动设备(ME)之间接口的技术要求,适用于 900/1 800 MHz TDMA 数字蜂窝移动通信网络。

与 ISO 7816 面向所有的 IC 卡不同,GSM 11.11 针对 SIM 卡提高通信速率进行了优化,并提出了 5 种应用协议数据单元(APDU)信息结构,包括:

- 无输入/无输出:
  - ✓ 输入结构:{CLA|INS|P1P2P3};
  - ✓ 输出结构:{SW1SW2(9000)}。
- 无输入/有固定长度输出:
  - ✓ 输入结构:{CLA|INS|P1P2P3};
  - ✓ 输出结构:{输出数据|SW1SW2(9000)}。
- 无输入/不定长度输出:
  - ✓ 输入结构:{CLA|INS|P1P2P3};
  - ✓ 输出结构:{SW1SW2(9F)|数据长度};
  - ✓ 获取数据:{CLA|INS|P1P2P3};
  - ✓ 输出数据:{输出可变长度数据|SW1SW2(9000)}。
- 有输入/无输出:
  - ✓ 输入结构:{CLA|INS|P1P2P3|输入数据};
  - ✓ 输出结构:{SW1SW2(9000)}。
- 有输入/固定或不定长度输出:
  - ✓ 输入结构:{CLA|INS|P1P2P3|输入数据};
  - ✓ 输出结构:{SW1SW2(9F)|数据长度};
  - ✓ 获取数据:{CLA|INS|P1P2P3};
  - ✓ 输出数据:{输出可变长度数据|SW1SW2(9000)}。

注意 之后通过 Qt 程序向 SIM 卡读/写卡器写入指令时均遵循上述 5 种情况,每条指令的功能可能并不相同,但指令格式均不超出上述几种类型。这里 CLA、INS 等指令值将在 APDU 指令详细介绍。

5.3.2.3 GSM 11.14

GSM 11.14 协议在 GSM 11.11 协议的基础上进一步增强,它一方面增加了几组命令,另一方面增加了 STK(SIM Tool Kit)工具包,增强了 SIM 卡的操作功能。允许 SIM 卡中的应用与支持应用的 ME 进行交互操作,形成主动对话,增加个人附加业务。

STK SIM 卡与普通 SIM 卡之间的区别是,STK SIM 卡中固化了应用程序,可以通过软件激活产生菜单界面,允许用户通过简单的按键操作实现信息检索等功能。

当然,目前被广泛应用的手机操作系统在功能上已经完全覆盖 STK SIM 卡的功能,STK SIM 卡提供的附加业务目前也在走下坡路。Qt 程序向 SIM 卡读/写卡器写入的程序并不包括手机用户的个人附加业务,因此这部分不过多介绍。

5.3.2.4 APDU 指令集

无论是 ISO 7816,还是 GSM 的几种协议,它们都对体系和架构进行了宏观定义,对通信数据包的结构也进行了定义,但要实现这些定义,产生具体的指令,均需要使用 APDU 指令集。

(1) 部分 APDU 指令列表

以 ISO 7816 APDU 指令集为例,部分指令如表 5.3 所列。

表 5.3 ISO 7816 部分指令的格式

命　令	CLA INF	说　明
READ BINARY command	00B0	读数据指令(重要)
WRITE BINARY command	00D0	写数据(重要)
UPDATE BINARY command	00D6	升级
ERASE BINARY command	000E	擦除
READ RECORD(S) command	00B2	读记录
WRITE RECORD command	00D2	写记录
APPEND RECORD command	00E2	添加记录
UPDATE RECORD command	00DC	升级记录
GET DATA command	00CA	获取数据
PUT DATA command	00DA	提交数据
SELECT FILE command	00A4	选择文件(重要)
VERIFY command	0020	检验

注意　所有的 APDU 指令都是二进制数据(以十六进制表示),而 SIM 卡读/写卡器只识别这些二进制指令,因此,读者需要自行编写 APDU 指令。

以读指令为例,若要读数据,那么就需要一条指令。由表 5.3 可知,读指令以 00B0 开头,那么该指令就是"00B0xxxx"。这样指令就完成了,只不过"xxxx"还没确定,这些就是要读取的内容了。那么,SIM 卡中有哪些信息可供读取呢? 这需要两方面的知识:一是 SIM 卡的文件(信息)布局结构,二是不同文件的标识。

(2) SIM 卡文件布局

SIM 卡中存储的信息统称为文件,文件包括两大类:目录文件(MF、DF)和基本文件(EF),其中,目录文件 MF(Master File)是主文件,表示根目录,DF(Dedicated File)是专有文件,表示子目录,它们都只有"文件头"部分,而基本文件 EF(Elementary File)则包括"文件头"和"文件体"两部分。

SIM 卡文件结构如图 5.12 所示。

由图 5.12 可以看出,操作 SIM 卡文件很简单。以读取 EF2 文件为例,首先选择 MF 目录,然后选择 DF1 目录,最后才是操作 EF2 文件。关于具体完整的指令,下面将进行介绍。

MF、DF 等都是代号,图 5.13 所示是一个 GSM SIM 卡真实文件结构。结合实际的 SIM 卡,我们就会有更直接的感受。

现在再回到上面所说的选择 MF 目录的指令,这次可以给出真正的 APDU 指令了。

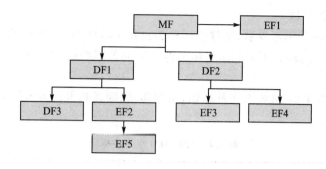

图 5.12　SIM 卡文件结构

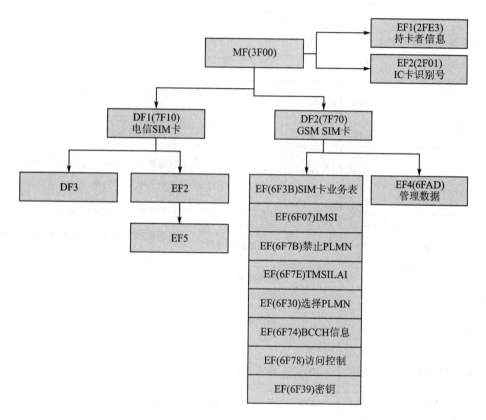

图 5.13　GSM SIM 卡真实文件结构

以选择 GSM SIM 卡的 MF 主目录为例,首先是选择指令,查看 APDU 指令集表,这里选择的指令是"00A4";然后选择 GSM SIM 卡的 MF 目录,那么结合图 5.13 可知,它的名字(指令)是"3F00",所以最终指令为"00A43F00"。将这段指令发送到常见的 SIM 卡读/写卡器,这条指令会被正确执行,返回的{SW1|SW2}为"9000",表示执行成功。执行了这条指令后,就可以选择 MF 下面的所有已存目录和文件。

注意　每次执行一个新的功能命令时,如果要选取图 5.13 中的 IMSI,则每次都需要重新选择 MF(3F00),再选择 DF2(7F70),最后选择 IMSI(6F07)。如果选完后再读密钥,则需要重新选择 MF、DF2,然后再读密钥(6F39)。

（3）SIM 卡文件标识

　　随着 SIM 卡业务的不断发展，文件标识种类也在不断增多，再加上移动、联通和电信等业务存在竞争，各厂商支持的 SIM 卡标准和文件结构都各不相同，因此处理时需要结合实际情况来分别对待。

　　表 5.4 所列为常见的 SIM 卡文件标识，虽然移动、联通和电信各不相同，但大多数都与表中介绍的内容相似。

表 5.4　常见 SIM 卡文件标识

文　件	文件标识符	文件缩写	中文名称	文件作用
MF	3F00	根目录	SIM 卡文件统一根目录	
EF$_{ICCID}$	2FE2	ICCID	SIM 卡唯一的识别号	包含运营商、卡商、发卡时间、省市代码等信息
DF$_{GSM}$	7F20	GSM 目录	ETSIGSM09.91 规定 Phase2（或以上）的 SIM 卡中应该有 7F21 并指向 7F20，用以兼容 Phase1 的手机	
EF$_{LP}$语言选择	6F05	LP	语言选择文件	包含一种或多种语言编码
EF$_{IMSI}$	6F07	IMSI	国际移动用户识别符	包含 SIM 卡所对应的号段，比如 46000 代表 135～139 号段，46002 代表 1340～1348
EF$_{KC}$语音加密密钥	6F20	KC	计算密钥	用于 SIM 卡的加密、解密
EF$_{PLMNsel}$网络选择表	6F30	PLMNsel	公共陆地网选择	决定 SIM 卡选择哪种网络，在这里应该选择中国移动的网络
EF$_{HPLMN}$归属地网络选择表	6F31	HPLMN	两次搜索 PLMN 的时间间隔	两次搜索中国移动网络的时间间隔
EF$_{ACMmax}$最大计费额	6F37	ACMmax	包含累积呼叫表的最大值	全部的 ACM 数据存在 SIM 卡中，此处取最大值
EF$_{SST}$ SIM 卡服务表	6F38	SST	SIM 卡服务列表	指出 SIM 卡可以提供服务的种类，哪些业务被激活，哪些业务未被激活
EF$_{ACM}$累加计费计数器	6F39	ACM	累计呼叫列表	当前的呼叫和以前的呼叫的单位总和
EF$_{GID1}$分组识别 1	6F3E	GID1	1 级分组识别文件	包含特定的 SIM-ME 组合的标识符，可以识别一组特定的 SIM 卡
EF$_{GID2}$分组识别 2	6F3F	GID2	2 级分组识别文件	包含特定的 SIM-ME 组合的标识符，可以识别一组特定的 SIM 卡
EF$_{PUCT}$单位价格/货币表	6F41	PUCT	呼叫单位的价格和货币表	PUCT 是与计费通知有关的信息，ME 用这个信息结合 EFACM，以用户选择的货币来计算呼叫费用
EF$_{CBMI}$小区广播识别号	6F45	CBMI	小区广播信息标识符	规定了用户希望 MS 采纳的小区广播消息内容的类型
EF$_{SPN}$服务提供商	6F46	SPN	服务提供商名称	包含服务提供商的名称和 ME 显示的相应要求

文　件	文件标识符	文件缩写	中文名称	文件作用
EF_{CBMID}	6F48	CBMID	数据下载的小区广播消息识别符	移动台将收到的 CBMID 传送给 SIM 卡
EF_{SUME}	6F54	SUME	建立菜单单元	建立 SIM 卡中的菜单
EF_{BCCH}广播信道	6F74	BCCH	广播控制信道	由于 BCCH 的存储,在选择小区时,MS 可以缩小对 BCCH 载波的搜索范围
EF_{ACC}访问控制级别	6F78	ACC	访问控制级别	SIM 卡有 15 个级别,10 个普通级别,5 个高级级别
EF_{FPLMN}禁止网络号	6F7B	FPLMN	禁用的 PLMN	禁止选择除中国移动以外的其他运营商,比如中国联通、中国卫通等
EF_{LOCI}位置信息	6F7E	LOCI	位置信息	存储临时移动用户识别符、位置区信息等内容
EF_{AD}管理数据	6FAD	AD	管理数据	包括关于不同类型 SIM 卡操作模式的信息
EF_{PHASE}阶段	6FAE	PHASE	阶段标识	标识 SIM 卡所处的阶段信息,是普通 SIM 卡还是 STK SIM 卡

（4）APDU 指令的返回值

指令的返回值非常重要,因为要通过它确定上一条指令的执行状态。如果一条指令执行错误而又不处理返回的错误结果,那么下面的指令均会执行错误,用户将得不到需要的结果。

表 5.5 所列为部分 APDU 指令返回值,更详细的内容请参阅相关资料。这里要注意"9000"与"9F00"和 GSM 11.11 输出结果的结构{SW1 | SW2}完全一致。

表 5.5　部分 APDU 指令返回值

SW1	SW2	注　释
90	00	指令执行成功
9F	00	指令执行成功,但输入/输出数据为可变长度,需要下一条指令给出长度值
62	00	无信息
62	81	返回数据受损
62	82	数据未读完
62	83	所选文件无效
62	84	FCI 未格式化
62	CX	计数(成功写)
63	00	校验错
63	CX	计数(成功存)
65	81	写错误
67	00	长度错
69	81	文件结构错

5.3.2.5　Winscard 封装

通过上面几节的介绍,读者应该已经掌握如何根据需求创造自己的 APDU 指令,并已经能够通过指令的返回值来判断指令的执行情况。那么向一个 SIM 卡写数据呢? 要真实地写一张 SIM 卡,还需要解决以下几个问题:

形成的 APDU 指令怎么传给 SIM 卡读/写卡器呢? 有命令行界面吗? 有人机接口吗? 指令返回时怎么显示? 该怎么获取?

到底要写入什么内容? 写入时有顺序要求吗?

下面将逐一解答上述问题。

实际上,将 APDU 指令提交给 SIM 卡读/写卡器执行一般有两种方式:一种方式是 SIM 卡读/写卡器预留接口,通过这个接口将 APDU 指令输入,确定后可执行,执行后的结果再通过接口返回给用户。对不同的 SIM 卡读/写卡器设备来说,这种接口均不统一,有的甚至没有类似的接口。因此,这种方式行不通。

另一种方式就是利用 Windows 平台推出的通用接口——Winscard. dll 动态链接库。微软为解决计算机与各种读/写卡器之间的互操作问题,提出了 PC/SC(Personal Computer/Smart Card)规范,PC/SC 规范为读/写卡器与计算机提供了一个标准接口,可以实现不同生产商的智能卡和读/写卡器之间的互操作,其独立于设备的 API,使得应用程序开发人员不必考虑所操作设备与环境的差异,且避免了由于基本智能卡硬件设备改变而引起的应用程序失效的问题,从而降低了软件开发成本。

微软公司在其 Platform SDK 中实现了 PC/SC,将所有操作接口函数封装在 Winscard. dll 中,提供了独立于设备的 API。Winscard. dll 定义的接口包含 30 多个以 Scard 为前缀的函数,封装在 Winscard. h 头文件中。当然,如前所述,如果应用程序要使用这些功能函数,则首先需要包含 Winscard. lib 静态库或 Winscard. dll 动态库,函数的正常返回值都是 SCARD_S_SUCCESS。在这 30 多个函数中,常用的函数只有几个,其中最常用的就是向智能卡设备发送指令的函数 SCardTransmit()等,下面将分别介绍。

(1) SCardConnect()函数

功能:与智能卡设备建立连接。

函数原型:

```
LONG SCardConnect(SCARDCONTEXT hContext, LPCTSTR szReader, DWORD dwShareMode, DWORD dwPreferred-
Protocols, LPSCARDHANDLE phCard, LPDWORD pdwActiveProtocol);
```

参数说明:

- hContext:输入类型,SCardEstablishContext()建立的资源管理器上下文的句柄。
- szReader:输入类型,包含智能卡的读卡器名称(读卡器名称由 SCardListReaders()给出)。
- dwShareMode:输入类型,应用程序对智能卡的操作方式,包括 SCARD_SHARE_SHARED(多个应用共享同一个智能卡)、SCARD_SHARE_EXCLUSIVE(应用独占智能卡)、SCARD_SHARE_DIRECT(应用将智能卡作为私有用途,直接操纵智能卡,不允许其他应用访问智能卡)。
- dwPreferredProtocols:输入类型,连接使用的协议,包括 SCARD_PROTOCOL_T0(使用 T=0 协议)、SCARD_PROTOCOL_T1(使用 T=1 协议)。

- phCard:输出类型,与智能卡连接的句柄。
- PdwActiveProtocol:输出类型,实际使用的协议。

使用方法:与智能卡设备建立连接,连接后可向其发送指令/数据。

(2) SCardTransmit()函数

功能:向智能卡设备发送/接收指令/数据。

函数原型:

```
LONG SCardTransmit(SCARDHANDLE hCard, LPCSCARD_IO_REQUEST pioSendPci, LPCBYTE pbSendBuffer,
DWORD cbSendLength, LPSCARD_IO_REQUEST pioRecvPci, LPBYTE pbRecvBuffer, LPDWORD pcbRecvLength);
```

参数说明:

- hCard:输入类型,与智能卡连接的句柄。
- pioSendPci:输入类型,指令协议头结构的指针,由 SCARD_IO_REQUEST 结构定义。后面是协议控制信息。一般使用系统定义的结构,包括 SCARD_PCI_T0(T＝0 协议)、SCARD_PCI_T1(T＝1 协议)、SCARD_PCI_RAW(原始协议)。
- pbSendBuffer:输入类型,要发送到智能卡的数据的指针。
- cbSendLength:输入类型,pbSendBuffer 的字节数目。
- pioRecvPci:输入/输出类型,指令协议头结构的指针,后面是协议控制信息,如果不返回协议控制信息,则可以为 NULL。
- pbRecvBuffer:输入/输出类型,从智能卡返回的数据的指针。
- pcbRecvLength:输入/输出类型,pbRecvBuffer 的大小和实际大小。

使用方法:

- 向智能卡发送数据:要向智能卡发送 n＞0 字节数据时,pbSendBuffer 前 4 字节分别为 T＝0 的 CLA、INS、P1、P2,第 5 字节是 n,随后是 n 字节的数据;cbSendLength 的值为 n＋5(4 字节头＋1 字节 Lc＋n 字节数据)。pbRecvBuffer 将接收 SW1、SW2 状态码;pcbRecvLength 的值在调用时至少为 2,返回后为 2。
- 从智能卡接收数据:为从智能卡接收 n＞0 字节数据,pbSendBuffer 前 4 字节分别为 T＝0的 CLA、INS、P1、P2,第 5 字节是 n(即 Le),如果从智能卡接收 256 字节,则第 5 字节为 0;cbSendLength 的值为 5(4 字节头＋1 字节 Le)。pbRecvBuffer 将接收智能卡返回的 n 字节,随后是 SW1、SW2 状态码;pcbRecvLength 的值在调用时至少为 n＋2,返回后为 n＋2。
- 向智能卡发送没有数据交换的命令:应用程序既不向智能卡发送数据,也不从智能卡接收数据,pbSendBuffer 前 4 字节分别为 T＝0 的 CLA、INS、P1、P2,不发送 P3;cbSendLength 的值必须为 4。pbRecvBuffer 从智能卡接收 SW1、SW2 状态码;pcbRecvLength 的值在调用时至少为 2,返回后为 2。
- 向智能卡发送具有双向数据交换的命令:T＝0 协议中,应用程序不能同时向智能卡发送并接收数据,即发送到智能卡的指令中,不能同时有 Lc 和 Le。这只能分两步实现:向智能卡发送数据,接收智能卡返回的状态码。其中,SW2 是智能卡将要返回的数据字节数目。

限于篇幅,其他函数不作过多介绍,读者可以参考 winscard.h 头文件及相关文档。

使用 Winscard. dll 连接智能卡设备的流程与前面所述内容相似,先在 Qt 应用程序中引入 Winscard. dll 库,然后再引入 winscard. h 头文件,这样就可以直接操作这些函数——先用 SCardListReaders()函数判断计算机是否连接了设备(或连接了哪些智能卡设备),然后用 SCardConnect()函数连接设备,最后使用 SCardTransmit()函数与设备通信。

下面将介绍如何向移动和联通两个实际系统的 SIM 卡写入数据。

5.3.3　实际系统开发

5.3.3.1　联通 SIM 卡

现在要向真实的 SIM 卡写数据了。实际上,若直接按照 APDU 指令集和 SIM 卡文件标识表来写 SIM 卡,则结果是完全失败的。这里面有两个原因:一方面,GSM 11.14 和 ISO 7816 所制定的标准普遍适用于所有智能卡设备,但各厂商在实现时均有自己的特殊要求,从而导致最终实现的真实系统与标准略有差异;另一方面,有些厂商因为安全保密等原因,特意对智能卡标准进行扩展,使其不同于其他厂商系统,独立存在。

移动和联通系统的 SIM 卡均属于上述情况,其中联通稍好一些,与 GSM 标准相差并不很多,而移动要复杂得多。

那么联通 SIM 卡文件都包括哪些内容呢? 与图 5.13 所示的示例标准有何不同? 实际上,笔者曾努力尝试通过联通手册、相关文档与网络来查找这些内容,但这些内容均不可见。最后,通过截取与联通 SIM 卡通信的二进制信息流,将其逐步还原才得到其文件结构与具体的 APDU 指令。目前,笔者了解的联通 SIM 卡文件结构如图 5.14 所示(联通系统升级后该文件结构有可能会有微小调整)。

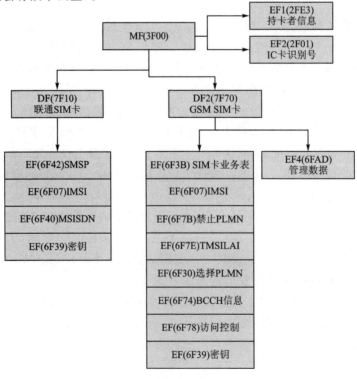

图 5.14　联通 SIM 卡文件结构

由图 5.14 可知,相对于 GSM SIM 卡文件结构示例标准,联通 SIM 卡文件结构要相对简单一些,文件内容也有稍许差别。联通 SIM 卡文件内容详述如下:

- MF(3F00):这是根目录,所有 SIM 卡此处都一致。
- DF(7F10):这是联通 SIM 卡的子目录。注意,有些卡是"7F20",或者其他值,有些差异。
- SMSP:短消息(短信)参数,存储了短消息业务参数,包括短信中心号码等信息。SMSP 在 GSM SIM 卡文件结构中并不存在,这是联通系统自带属性。
- IMSI:国际移动用户识别符,包含 SIM 卡所对应的号段,比如 46000 代表 135～139 号段,46002 代表 1340～1348。联通 SIM 卡与 GSM SIM 卡完全一致。
- MSISDN:移动基站国际综合业务网号,也就是用户的手机号。注意,这块信息并没有出现在 GSM SIM 卡文件结构中。
- 密钥:这块信息与 GSM SIM 卡标准相同。实际上,真正要向联通 SIM 卡写入数据时,该数据并不需要用户手动写入,联通发行的空白 SIM 卡中已经含有密钥相关信息,用户只需将上述手机号、短信业务等信息写入即可。

有了文件结构,现在就要形成联通 SIM 卡的写卡指令。一个完整的示例代码如下:

```
//1. 写短信区
A0A40000023F00
A0A40000027F10
A0A40000026F42
A0DC010428 FFFFFFFFFFFFFFFFFFFFFFFFFFDFFFFFFFFFFFFFFFFFFFFFFFFFFF089xxxxxx05F0FFFFFFFFFFFF

//2. 写 IMSI
A0F4000012xxxx061042064046400849061042064 0xxxx

//3. 写手机号
A0A40000023F00
A0A40000027F10
A0A40000026F40
A0DC01041C FFFFFFFFFFFFFFFFFFFFFFFFFFFFFF089xxxxxxxx614F3FFFFFFFFFF
```

(1) 第一部分是写短信区

第一条语句是"A0A40000023F00",这里"3F00"是根目录 MF。从理论上来讲,第一步选择主目录 MF(3F00)是符合道理的,因为只有进入这个主目录才可以读/写数据。但在"5.3.2.4 APDU 指令集"小节中,选择指令"SELECT FILE command"的操作码是"00A4",而这里为什么是"A0A4"呢? 实际上,这是因为目前移动、联通等系统 SIM 卡的 APDU 指令的首字节全部由 ISO 7816 标准的"00"变成了"A0"。

"A0A4"之后是"0000",这是指令的参数。所有 APDU 指令都预留了 2 个字节,由于"A0A4"指令没有参数,因此设为"0000"。

接下来是"02",表示指令后续所带的数据长度为 2 字节。这就是后面的"3F00",表示选择的目录是 MF 主目录。

第二和第三条语句是"A0A40000027F10""A0A40000026F42",分别选择了 DF 子目录和具体文件 SMSP。代码结构与第一条语句相同,这里不再赘述。

第四条语句是"A0DC010428 FFFFFFFFFFFFFFFFFFFFFFFFFFDFFFFFFFFFFFFFF-FFFFFFFFFFF089xxxxxxx05F0FFFFFFFFFFFFFF"。该语句中首先出现的是指令"A0DC"和参数"0104"，实际上这个指令在 5.3.2.4 小节中的 ISO 7816 APDU 指令集中并未找到，可将其视为写入数据指令。后面的"28"是数据长度，表示 0x28 字节，也就是 40 字节。这 0x28 字节是以"FFFF"开头的 28 字节数据，这些数据不能凭空产生，其是当一个用户在联通系统开户时，由联通系统确定的信息，类似用户的电话号码，由联通负责。如果能够获取这部分数据，那么就可以像联通一样，为用户开通一张可以打电话的 SIM 卡。另外需要说明的是，数据中的部分 xxxx 是笔者为保护用户隐私而增加的打码，原始数据就是一个用户的真实 SIM 卡数据。

（2）第二部分是写 IMSI

它比较简单，指令是"A0F4"，参数为"0000"，后面跟的数据"12"表示 0x12 字节，也就是 18 字节。数据同样用"xxxx"打码。

（3）第三部分是写手机号

指令仍然通过 MF(3F00)、DF(7F10) 来选择手机号码文件 EF(6F40)，然后使用带参指令"A0DC0104"写入 0x1C 字节数据（即手机号码数据），这些数据同样用"xxxx"打码。

注意　上述所有指令的返回值并未列出，一般情况下指令执行的成功率是非常高的，大多返回 9000 等。如果指令返回 6xxx 则表示出现错误，需要根据返回值进行查错处理。

经过笔者测试，通过上述流程依次执行指令后，将写入的 SIM 卡插入手机中可以实现正常通信。

5.3.3.2　移动 SIM 卡

移动系统要比联通系统稍复杂一些。笔者猜测，可能是因为移动系统应用得比较早，现在的系统为了兼容以前的旧版本，因此其 SIM 卡文件结构要复杂一些。

同样，要查到移动 SIM 卡文件结构也比较困难。笔者同样采用截取二进制数据流的方式，分析后得到的结果如图 5.15 所示。

图 5.15 中的虚线部分是移动 SIM 卡文件的内容，它主要包括 3 个部分，其中第一部分包含 2 个独立文件：

- EF(2F02)：卡序列号，标识当前 SIM 卡的序列号。
- ICCID：SIM 卡唯一的识别号，包含运营商、卡商、发卡时间、省市代码等信息。

第二、三部分分别包含在一个子目录（DF）中，文件地址分别为"7F20"和"7FF0"：

- SMSP：短消息参数，存储了短消息业务参数，包括短信中心号码等信息。
- IMSI：国际移动用户识别符，包含 SIM 卡所对应的号段。
- 密钥：这块信息与 GSM SIM 卡标准相同。实际上，真正要向移动 SIM 卡写入数据时，这块数据并不需要用户手动写入，移动发行的空白 SIM 卡中已经含有密钥相关信息，用户只需将上述手机号、短信业务等信息写入即可。

注意　"7F20"和"7FF0"2 个子目录（DF）中的文件内容基本一致，但移动 SIM 卡确实要写入 2 次。如前所述，笔者猜测这是为了与旧版本 SIM 卡兼容。

移动 SIM 卡读/写卡指令代码如下：

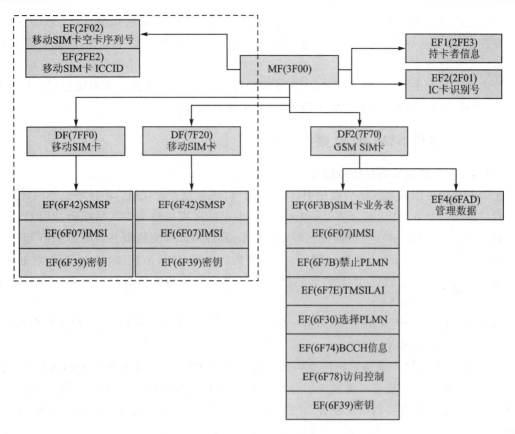

图 5.15　移动 SIM 卡文件结构

```
A0A40000023F00
A0A40000022F02
A0 B0 00 00 08        //读空卡序列号
A0A40000023F00
A0A40000022FE2
A0 B0 00 00 0A        //读取 ICCID
A0A40000027F20
A0A40000026F07
A0 D6 00 00 09        //写入 IMSI
A0A40000027F10
A0A40000026F42
A0 C0 00 00 0F        //返回 15 组数据

A0A40000027FF0
A0A40000026F07
A0 D6 00 00 09        //9 组数据
A0A40000026F78
A0D6 00 00 02         //写入 2 组数据

A0A40000026F42
A0 C0 00 00 0F        //获取 6F42 的文件响应
A0 DC 01 04 28        //写入 6F42 目录,写入 n40 组数据
```

由上述代码可以看出，与联通 SIM 卡相似，读/写文件时首先要选择根目录 3F00，一直到所选文件，然后写入数据。有些数据是移动系统产生的真实手机 SIM 卡数据，为保护隐私，这里并未给出实际数据。

读者可以参照上述代码流程，完成读/写 SIM 卡 APDU 指令代码。下面将介绍怎样在 Qt 程序中，通过 APDU 指令完成 SIM 卡读/写卡器的硬件操作。

5.3.4　Qt 实现 SIM 卡的读/写操作

5.3.4.1　功能需求与程序架构

上面的指令可以嵌入到任何程序中，作为操作 SIM 卡设备的代码，Qt 程序也不例外。

根据特殊的业务需求，也为使程序更加灵活，本书的远程传输与控制系统仍使用 Qt 程序作为客户端程序，读取 SIM 卡设备信息后，通过 Hessian 协议提交给服务器端的 Java 程序，服务器端程序获取这些 SIM 卡原始信息后，将其提交给移动/联通系统，信息由移动/联通系统处理后会产生新的信息（如电话号码等），然后将这些信息再传输给客户端的 Qt 程序，由 Qt 程序将这些数据写入 SIM 卡。

因此，本书中的示例采用了"客户机—服务器—客户机"的二层模块、三次握手程序结构。

5.3.4.2　读/写 SIM 卡

Qt 程序操作 SIM 卡设备时同样先引入设备的驱动 DLL。本书示例使用的 SIM 卡设备由生产厂商提供身份证设备时集成为二合一设备，因此使用相同的 DLL 即可工作。读者在操作设备时可根据实际设备的情况配置 DLL 和头文件。具体操作方式前面已详细论述，此处不再赘述。

Qt 程序将事先生成读/写 SIM 卡的所有 APDU 指令，读出 SIM 卡信息后，将形成 JSON 串，然后交由 Hessian 协议提交到服务器端。服务器端返回给客户端 Qt 程序的信息也是 JSON 串，客户端将其解析后写入 SIM 卡中。

全部程序代码参考本书配套资料"sources\chapter05\03"，部分核心代码如下：

```
void Dialog::timerEvent(QTimerEvent * e)
{
    //qDebug() << "user:" << curUserName << " == > userID:" << curUserID;
    if (!isLogin || m_isProcessing) return;
    m_isProcessing = true;
    //1. 检测设备
    if (toFindIDReadDevice())
        m_idType = IDCARD_XZXANDNORMAL;
    else if (toFindIDReadDevice_sd())
        m_idType = IDCARD_SD;

    if (m_idType != IDCARD_UNKOWN){   //找到了设备:读身份证
        //2. 检测身份证
        //2.1 读身份证信息:json, id.jpg, id.zp.bin, (id.zw.jpg) id.zw.bin
        if (m_idType == IDCARD_XZXANDNORMAL)
            toReadIDCard();
```

```
            else if (m_idType == IDCARD_SD)
                toReadIDCard_sd();
        //2.2 通过 Hessian 协议上传
        if (isThereNewIDCard && !isThereError) {
                //qDebug() << "new id card.";
                uploadIDCardByHessian();
        }
        //3. 指纹
        //4. SIM 卡
        bool bCurSimon = simOn();
        if ((m_bLastSimon == false) && (bCurSimon == true)) {     //说明拔卡后插卡或新插卡
                //4.1 先读空白 SIM 卡数据
                m_strBlankcardOriginalData = readOriginalDataFromBC();
                qDebug() << "读出白卡数据为:" << m_strBlankcardOriginalData;
                //4.2 上传/下载数据库
                m_strBlankcardUpDownloadJSON = updownOriginalDataOfBC(m_strBlankcardOriginalDa-
                ta);
                qDebug() << "上传下载后得到:" << m_strBlankcardUpDownloadJSON;

                //4.3 处理 JSON 结果;如果有最终数据,则直接写入白卡
                handleUpdownDataOfBC(m_strBlankcardUpDownloadJSON);
        }
        simOff();
        m_bLastSimon = bCurSimon;
}


    //…
    //5. 处理 Timer 完成
    m_isProcessing = false;        //表示处理完成
}


bool Dialog::simOn()
{
    bool bRes = false;
    int nRet;
    //CString sMsg;
    unsigned char dwART[32] = {0};
    unsigned char dwLen;
    if (usbPort == 9999)
    {
        nRet = Syn_OpenPort(usbPort);
        if (nRet == 0)
        {
            nRet = Syn_USBHIDSIMpowerOn(usbPort,dwART,&dwLen);
```

```
        if (nRet == 0)
        {
            bRes = true;
        }
        else
        {
            qDebug() << "SIM 卡上电失败";
        }
    }
    else
    {
        qDebug() << "三合一设备打开端口错误";

    }
    if (usbPort > 0)
    {
        Syn_ClosePort(usbPort);
    }
}
return bRes;
}


bool Dialog::simOff()
{
    bool bRes = false;
    int nRet;
    //CString sMsg;
    if (usbPort == 9999)
    {
        nRet = Syn_OpenPort(usbPort);
        if (nRet == 0)
        {
            nRet = Syn_USBHIDSIMpowerOff(usbPort);
            if (nRet == 0)
            {
                //qDebug() << "SIM 卡下电成功";
                bRes = true;
            }
            else
            {
                qDebug() << "SIM 卡下电失败";
            }
        }
        else
        {
```

```
        qDebug() << "三合一设备打开端口错误";
    }
    if (usbPort>0)
    {
        Syn_ClosePort(usbPort);
    }
}

    return bRes;
}
```

同样,从系统的核心函数 timerEvent()开始,前面已经介绍,该函数是程序设置的一个 Timer 事件处理函数,每 2 s 执行一次。函数首先查找二代身份证读卡器设备、读身份证信息、上传身份证信息(这部分已经讲过),接着是 SIM 卡设备的上下电,即 simOn()和 simOff()函数,这两个函数主要使用设备厂商提供的命令函数,打开和关闭 SIM 卡设备。

在 timerEvent()函数中,如果 SIM 卡设备打开(上电)成功,则调用 readOriginalData-FromBC()读取 SIM 卡原始信息,然后调用 updownOriginalDataOfBC()函数进行上传和下载。由于程序每 2 s 就要访问一次 Hessian 和网络,为降低开销,这里将上传 SIM 卡原始信息和下载处理后的信息放在一个函数中,由服务器端返回值判断处于何种状态。最后,使用 handleUpdownDataOfBC()函数处理下载的 SIM 卡数据,然后写入 SIM 卡中。这 3 个函数是本程序的核心代码,具体如下:

```
QString Dialog::readOriginalDataFromBC()
{
    qDebug() << "1.开始读白卡原始数据,并上传数据库。";
    QJsonObject json;

    //1. 取 IMSI,非空则提示不是空卡
    qDebug() << "(1)开始取 IMSI。";
    //1.1 执行 SIM 卡指令
    unsigned char outBuf[256] = {0};
    int inLen = 7;
    int outLen = 0;
    unsigned char inBuf1_1[] = {0xA0, 0xA4, 0x00, 0x00, 0x02, 0x3f, 0x00};
    simExecuteAPDU(inBuf1_1, inLen, outBuf, outLen);
    unsigned char inBuf1_2[] = {0xA0, 0xA4, 0x00, 0x00, 0x02, 0x7f, 0x20}; inLen = 7;
    simExecuteAPDU(inBuf1_2, inLen, outBuf, outLen);
    unsigned char inBuf1_3[] = {0xA0, 0xA4, 0x00, 0x00, 0x02, 0x6f, 0x07}; inLen = 7;
    simExecuteAPDU(inBuf1_3, inLen, outBuf, outLen);
    unsigned char inBuf1_4[] = {0xA0, 0xB0, 0x00, 0x00, 0x09}; inLen = 5;
    simExecuteAPDU(inBuf1_4, inLen, outBuf, outLen);
    QString sIMSI = BTOH_NEW(outBuf,outLen);
    if (!sIMSI.startsWith("FFFFFFFFFFFFFFFFFF9000")) {    //不是空卡
        simOff();
        QMessageBox::information(this, "消息框", "您插入的 SIM 卡不是空卡(白卡),请更换
```

```
SIM 卡!");
        m_isProcessing = false;
        return "";
    }
    //1.2 插入字符串型数据
    json.insert("imsi", sIMSI);
    //1.3 插入 b64 编码数据
    QByteArray tmp = QByteArray::fromHex(sIMSI.toLatin1());
    QByteArray tmp_b64 = tmp.toBase64();
    json.insert("cmd1", QString(tmp_b64));
    //QByteArray b2 = QByteArray::fromBase64(tmp_b64);


    //2. 取 ICCID
    qDebug() << "(2)开始取 ICCID。";
    //2.1 执行 SIM 卡指令
    unsigned char inBuf2_1[] = {0xA0, 0xA4, 0x00, 0x00, 0x02, 0x3f, 0x00}; inLen = 7;
    simExecuteAPDU(inBuf2_1, inLen, outBuf, outLen);
    unsigned char inBuf2_2[] = {0xA0, 0xA4, 0x00, 0x00, 0x02, 0x2f, 0xe2}; inLen = 7;
    simExecuteAPDU(inBuf2_2, inLen, outBuf, outLen);
    unsigned char inBuf2_3[] = {0xA0, 0xB0, 0x00, 0x00, 0x0a}; inLen = 5;
    simExecuteAPDU(inBuf2_3, inLen, outBuf, outLen);
    QString sICCID = BTOH_NEW(outBuf, outLen);
    QString sICCID4Json;
    if ((sICCID != NULL) && (sICCID.length() > 0)) {
        for (int i = 0; i<sICCID.length() - 5; i += 2) {
            sICCID4Json.append(sICCID.at(i + 1));
            sICCID4Json.append(sICCID.at(i));
        }
        //sICCID4Json.remove(sICCID4Json.length() - 1, 1);      //不删除
        //qDebug() << " ==>" << sICCID4Json;
    }
    //2.2 插入字符串型数据
    json.insert("iccid", sICCID4Json);
    //2.3 插入数据
    tmp = QByteArray::fromHex(sICCID.toLatin1());
    //qDebug() << tmp.length();
    tmp_b64 = tmp.toBase64();
    json.insert("cmd2", QString(tmp_b64));
    //QByteArray b2 = QByteArray::fromBase64(tmp_b64);
    //qDebug() << sICCID;
    //qDebug() << " ->" << b2.length();


    //3. 取空卡序列号
    qDebug() << "(3)开始取空卡序列号。";
    //3.1 执行 SIM 卡指令
```

```
    unsigned char inBuf3_1[] = {0xA0, 0xA4, 0x00, 0x00, 0x02, 0x2f, 0x02}; inLen = 7;
    simExecuteAPDU(inBuf3_1, inLen, outBuf, outLen);
    unsigned char inBuf3_2[] = {0xA0, 0xB0, 0x00, 0x00, 0x0a}; inLen = 5;
    simExecuteAPDU(inBuf3_2, inLen, outBuf, outLen);
    QString sSerialNo = BTOH_NEW(outBuf,outLen);
    //3.2 插入字符串型数据
    json.insert("serialNo", sSerialNo);
    //3.3 插入数据
    tmp = QByteArray::fromHex(sSerialNo.toLatin1());
    tmp_b64 = tmp.toBase64();
    json.insert("cmd3", QString(tmp_b64));


    //4. 形成 JSON 串
    QJsonDocument document;
    document.setObject(json);
    QByteArray byte_array = document.toJson(QJsonDocument::Compact);
    QString json_str(byte_array);
    return json_str;
}


QString Dialog::updownOriginalDataOfBC(QString& sJson)
{
    if (sJson.isEmpty()) {
        qDebug() << "白卡原始数据为空,上传失败。";
        infoDevice.append(m_wrongForID + "白卡原始数据为空,上传失败。");
        return "";
    }
    //上传/下载(使用 Hessian)
    pHcBC->uploadDownBlankCardJSONCall(curUserName, sJson);    //上传白卡原始数据;下载白卡最
                                                               //终数据
    while (!pHcBC->isReplyDone()) {
        QCoreApplication::processEvents();
    }
    sJson = "";
    return pHcBC->strUploadDownBlankCardJSONReply;    //取数据库数据并赋值
}


void Dialog::handleUpdownDataOfBC(QString& sJsonResult)
{
    QJsonParseError error;
    QVariantMap result;
    QJsonDocument jsonDocument = QJsonDocument::fromJson(sJsonResult.toUtf8(), &error);
    if (error.error != QJsonParseError::NoError) return;
    if (!jsonDocument.isObject()) return;
    result = jsonDocument.toVariant().toMap();
```

```cpp
    if (result["rtnCode"].toString().trimmed().startsWith("-")) {        //失败
        //取 JSON 串中的"errMess",记录了错误信息
        QString errMsg = result["rtnMess"].toString();
        infoDevice.append(m_wrongForID + " " + errMsg);
    } else {
        if (result["rtnCode"].toString().trimmed() == "1") {        //上传成功
            qDebug() << "白卡信息上传数据库成功。";
            infoDevice.append(m_rightForID + "当前白卡采集信息上传数据库成功!");
        } else if (result["rtnCode"].toString().trimmed() == "2") { //下载成功
            //下载
            qDebug() << "2.从数据库下载白卡最终数据成功,开始写白卡..";
            //处理数据段:cmd1, cmd2,…
            QByteArray baCmd1, baCmd2, baCmd3;
            baCmd1 = getBinaryFromJOSNB64(result["cmd1"].toString());
            baCmd2 = getBinaryFromJOSNB64(result["cmd2"].toString());
            baCmd3 = getBinaryFromJOSNB64(result["cmd3"].toString());
            qDebug() << "3.开始写入白卡";
            if (writeFinalDataToBlankCard(baCmd1, baCmd2, baCmd3)) {
                qDebug() << "写入白卡成功!";
                infoDevice.append(m_rightForID + "写入白卡成功! ");
                QMessageBox::information(this, "消息框", "写入白卡成功,请取出 SIM 卡!");
            } else {
                qDebug() << "写入白卡失败! ";
                infoDevice.append(m_wrongForID + "写入白卡失败! ");
            }
        }
    }
}


bool Dialog::writeFinalDataToBlankCard(QByteArray baCmd1, QByteArray baCmd2, QByteArray baCmd3)
{
    bool b1, b2, b3;

    unsigned char outBuf[256] = {0};
    int outLen = 0;

    char * cCmd1 = baCmd1.data();
    int len1 = baCmd1.length();
    qDebug() << "收到 cmd1: " << BTOH_NEW(cCmd1,len1);
    b1 = simExecuteAPDU((unsigned char * )cCmd1, len1, outBuf, outLen);

    char * cCmd2 = baCmd2.data();
    int len2 = baCmd2.length();
    qDebug() << "收到 cmd2: " << BTOH_NEW(cCmd2,len2);
```

```
    b2 = simExecuteAPDU((unsigned char * )cCmd2, len2, outBuf, outLen);

    char * cCmd3 = baCmd3.data();
    int len3 = baCmd3.length();
    qDebug() << "收到 cmd3: " << BTOH_NEW(cCmd3,len3);
    b3 = simExecuteAPDU((unsigned char * )cCmd3, len3, outBuf, outLen);

    return (b1&&b2&&b3);
}

bool Dialog::simExecuteAPDU(unsigned char * inBuf, int inlen, unsigned char * outBuf, int& outlen)
{
    int nRet;
    bool bRet = false;
    if (usbPort == 9999)
    {
        nRet = Syn_OpenPort(usbPort);
        if (nRet == 0)
        {
            nRet = Syn_USBHIDSIMAPDU(usbPort, inlen,inBuf,&outlen,outBuf);
            if (nRet == 0)
            {
                bRet = true;
                qDebug() << "发 SIM 卡 APDU 成功,返回:" + BTOH_NEW(outBuf,outlen);
            }
            else
            {
                qDebug() << "发 SIM 卡 APDU 失败";
            }
        }
        if (usbPort > 0)
        {
            Syn_ClosePort(usbPort);
        }
    }
    return bRet;
}
```

在 readOriginalDataFromBC()函数中,首先取 IMSI,注意这里的指令是 unsigned char in-Buf1_1[]＝{0xA0, 0xA4, 0x00, 0x00, 0x02, 0x3f, 0x00},就是 "A0A40000023F00",接下来操作 "7F20" 和 "6F07",最后读取 IMSI,与前面介绍过的内容完全一致。然后执行指令的函数是 simExecuteAPDU(),这个函数主要调用厂商的命令函数,将形成的 APDU 指令发送给设备。注意,APDU 指令的执行结果写入 outBuf 缓冲区中,对 outBuf 进行字符串比对后,如果是空白卡,则将其插入到 JSON 串中。后面取 ICCID 和空卡序列号,与这个函数类似,读者可以自行阅读。

需要注意的是，这个函数中的 ICCID 有一个奇数位和偶数位的对调过程，这是 SIM 卡要求的内容。toBase64()函数是将读出的二进制串转换为 base64 字符串，再添加到 JSON 串中。

形成的 JSON 串要在 updownOriginalDataOfBC()函数中上传。这个函数通过调用 qhessian 相关代码实现上传。这些 qhessian 代码与前面讲到的上传身份证信息的代码基本一致，读者可以自行阅读本书配套资料中的源代码。注意，如果服务器端有处理好的 SIM 卡数据，那么它将作为函数的返回值传递给客户端。

最后是 handleUpdownDataOfBC()函数将收到的信息写入 SIM 卡中。函数经过简单处理后，使用 getBinaryFromJOSNB64()函数将获取的字符串数据转换为二进制信息，然后调用 writeFinalDataToBlankCard()函数一次性地全部写入 SIM 卡。writeFinalDataToBlankCard()函数同样调用 simExecuteAPDU()函数，将获取的指令与数据一次性地写入 SIM 卡。

5.4 其他硬件设备

5.4.1 指纹识别设备

指纹识别设备及其技术现在已经非常成熟，在市场上就可以买到性价比高的各种指纹识别设备，这些设备的识别率很高，已经广泛应用在银行、金融行业中，以保证业务的安全性；也有的应用在企事业单位中，用于工作考勤；还有的集成在手机、计算机中，作为用户认证的人机接口。同样，设备厂商对指纹识别设备二次开发大多提供了非常丰富的功能包和动态链接库，用户可以在其基础上开发符合自身需求的应用程序。

本书的远程传输与控制系统也计划采用指纹识别设备，一方面记录终端用户的指纹信息，另一方面也要与二代身份证中的指纹信息做对比，以验证用户身份。但由于目前绝大多数二代身份证中尚未包含指纹信息（一般在 2011 年之后申请的二代身份证中包含指纹信息），因此这块功能暂时搁置。感兴趣的读者如果可以得到指纹识别设备，则可以自行在 Qt 程序中调用 DLL，调用厂商提供的功能函数，实现自己的业务需求。

5.4.2 短信业务模块设备

短信业务模块设备也是近几年得到广泛应用的设备。手机中所收到的系统自动发送的短信大多是由短信业务模块设备发送的。如果用户购置这种设备，则可以在指定时间向指定人自动发送指定信息，功能非常强大，成本却比较低。

本书的远程传输与控制系统也计划采用短信业务模块设备，主要用于与大量底层用户之间的通信连接和信息传递。但限于时间，这部分功能尚未完全实现。感兴趣的读者可以参照 Qt 程序调用硬件设备的基本方式和流程，自行完成短信业务设备的操作。

第 6 章

Qt 关键模块与高级功能

6.1 Qt 最优语言特色：再论信号与槽

6.1.1 信号与槽原理

为什么说信号与槽机制是 Qt 最优秀的语言特色呢？这还要从 GUI 操作系统中各种控件的响应操作说起。

早期，大多数应用程序好似一条"流水线"，从第一条指令执行起，有循环、有判断、有跳转，但都依次运行，从头到尾，很少"卡壳"。但自从可视化 GUI 界面操作系统（如 Windows、Mac OS）出现后，就存在这样一个问题——程序界面启动之后，用户的操作动作和时间点不可判断，用户可能没有操作，也可能随时单击一个按钮，这时怎么办？在用户没有操作的时间段，应用程序的指令怎样等待？用户单击一个按钮后，程序怎样响应？

6.1.1.1 Windows 传统消息机制

实际上，能解决上述问题的技术方案很多，以 Windows 操作系统为例，它选择了一种性能优异的技术机制——消息机制。下述代码是笔者早年使用纯 C 语言编写的一个标准 Windows 程序，从中可以看出消息机制的特点。

```
#include <windows.h>
LRESULT CALLBACK WndProc (HWND, UINT, WPARAM, LPARAM) ;      //自定义的消息处理函数
int WINAPI WinMain (HINSTANCE hInstance,   //操作系统传入的句柄,便于管理新生成的应用程序
    HINSTANCE hPrevInstance,       //32 位中 hPrevInstance 总是 NULL,不用检查
    PSTR szCmdLine, //命令行参数
    int iCmdShow)    //最大化或最小化
{
static WCHAR szAppName[] = L"HelloWin";
HWND       hwnd ;
MSG        msg ;
WNDCLASSW  wndclass ;
wndclass.style = CS_HREDRAW | CS_VREDRAW ;   //每当视窗的水平方向大小(CS_HREDRAW)或者垂直
                                             //方向大小(CS_VREDRAW)改变之后,视窗都要完全
                                             //重画
wndclass.lpfnWndProc = WndProc ;   //1.引用消息处理函数,在 while 的消息循环中得到消息再发
                                   //送给 Windows,然后再由 Windows 返回来调用该函数处理这
                                   //个消息
       //2.可以处理根据 wndclass 类创建的任何实际窗口
wndclass.cbClsExtra         = 0 ;
```

```
    wndclass.cbWndExtra        = 0 ;
    wndclass.hInstance         = hInstance ;
    wndclass.hIcon             = LoadIcon (NULL, IDI_APPLICATION) ;
    wndclass.hCursor           = LoadCursor (NULL, IDC_ARROW) ;
    wndclass.hbrBackground     = (HBRUSH) GetStockObject (WHITE_BRUSH) ;
    wndclass.lpszMenuName      = NULL;
    wndclass.lpszClassName     = szAppName;
    if (!RegisterClassW (&wndclass))  {
        MessageBoxW ( NULL, L"This program requires Windows NT!",
            szAppName, MB_ICONERROR) ;
        return 0 ;
    }
    hwnd = CreateWindowW(   //发送 WM_CREATE 不进入消息队列,直接到 WndProc
        szAppName,
        L"你好 Hello Program",
        WS_OVERLAPPEDWINDOW, // window style
        CW_USEDEFAULT,          // 初始化 x
        CW_USEDEFAULT,          // initial y position
        CW_USEDEFAULT,          // 初始化窗口宽度
        CW_USEDEFAULT,          // 初始化窗口高度
        NULL,                   // parent window handle,应用程序显示在最上面
        NULL,                   // window menu handle
        hInstance,              // WinMain 函数为本程序传进来的句柄
        NULL) ;                 // creation parameters
    ShowWindow (hwnd, iCmdShow) ;
    UpdateWindow (hwnd) ;
    //整个 Windows 程序在这里开始运行,直到 GetMessage 从消息队列收到 WM_QUIT,返回 0,退出循环
    while (GetMessage (&msg, NULL, 0, 0))      //Windows 为每个程序定义一个消息队列,现在从队列
                                               //中取消息
    {
        TranslateMessage (&msg) ;      //转译某些键盘信息
            //在这里可以截取底层用户的动作:鼠标、键盘……
        DispatchMessage (&msg) ;        //将信息返还给 Windows,Windows 使用消息处理函数 WndProc
                                        //进行处理
    }
    return msg.wParam ;      //结构的 wParam 位是传递给 PostQuitMessage 函数的参数(通常是 0),如
                            //PostQuitMessage (0)
}

LRESULT CALLBACK WndProc (HWND hwnd, UINT message, WPARAM wParam, LPARAM lParam){
    HDC          hdc ;
    PAINTSTRUCT  ps ;
    RECT         rect ;
    switch (message)
    {
```

```
case WM_CREATE：
    MessageBoxW(NULL, L"正在初始化...", L"正在初始化", 0)；
    PlaySoundW (L"hellowin.wav", NULL, SND_FILENAME | SND_ASYNC)；
    return 0；    // 处理一个消息之后，要退出函数，且必须返回 0。它告诉 Windows，对这个消
                 //息的处理已经结束，不需要再重试
case    WM_PAINT：    // 如果这里不处理 WM_PAINT 消息，则一定要传送给 DefWindowProc(经测
                      //试,不传送到 DefWindowProc 也不会出现问题)
    hdc = BeginPaint (hwnd, &ps)；    //得到关于显示设备的句柄
    GetClientRect (hwnd, &rect)；
    DrawTextW(hdc, L"Hello, Windows 98!这是 Unicode 版", -1, &rect,
        DT_SINGLELINE | DT_CENTER | DT_VCENTER)；
    EndPaint (hwnd, &ps)；    //释放 HDC
    return 0；
case    WM_DESTROY：  //wm_close、WM_DESTROY、WM_QUIT(系统为退出程序而特定的消息)
    PostQuitMessage (0)；  //该函数在消息队列中插入一个 WM_QUIT 消息，该消息使 GetMesssage
                          //结束循环，退出 WinMain 程序；然后，WM_QUIT 消息传送到 DefWindow-
                          //Proc，再由其处理消息，接着消除界面等，完成后程序退出
    return 0；            //执行内定的信息处理
return DefWindowProc (hwnd, message, wParam, lParam)；
}
```

上述代码中 while (GetMessage（&msg, NULL, 0, 0))部分就是 Windows 消息机制的真实代码。这段代码很短，共 3 句，先是 while 循环，不停地获取消息，然后是 TranslateMessage()翻译消息和 DispatchMessage()分发消息。所有分发的消息，一方面由 Windows 自带的消息处理函数处理，另一方面要由程序设计师显示处理，这个消息处理函数就是 WndProc()函数。上面的示例中处理了 WM_CREATE、WM_PAINT 和 WM_DESTROY 消息，分别表示创建窗口、画窗口和销毁窗口的消息，如果需要，还可以处理 WM_LBUTTONDOWN(鼠标左键按下)之类的消息。最后，使用 Windows 默认消息处理函数 DefWindowProc()处理所有不显示处理的消息。

直到今天，这种消息处理机制也是性能非常优异的技术，在当代 GUI 操作系统中广为应用。但从普通程序设计师的角度来看，这段代码有 2 个问题：

一是消息处理机制处于紧耦合状态(所有功能紧紧陷入一个函数中，称为紧耦合)，消息处理函数在自定义的 WndProc()函数中完成，如果有新的消息产生，则需要程序员手动更改这个函数，增加消息处理的种类，有时还要增加同一消息但不同处理的函数代码。

二是在处理消息时，只要消息名称对得上就能接收到消息，这个过程没有匹配和检验机制，存在安全隐患。例如，当程序员设计代码时会在消息处理函数中出现 bug，如果程序员没察觉，则这些 bug 程序也会处理这些消息，就有可能造成严重的影响。

6.1.1.2　Qt 机制

从本质上说，Qt 的信号与槽机制也是消息机制，笔者猜测在 Qt 代码的核心处也有一个类似 while (GetMessage())的循环推动消息传递与分发。在程序员层面，Qt 的信号与槽机制能够很好地解决上面提到的 2 个问题。

首先，信号与槽机制是松耦合的技术。在 Qt 程序设计中，一个对象的一个操作(如单击

按钮)产生的信号(消息)由 Qt 内核发送,但它并不关心这个信号由谁接收、由谁处理以及怎样处理。编写的槽函数可能由另一个程序设计师完成,他也不关心信号由谁产生,只需要负责处理这个信号。这就是松耦合状态,是当前流行且效率更佳的程序架构。

此外,信号与槽机制有签名验证机制,编译器能够帮助程序员检测并配对,这就解决了产生的信号在处理时的安全检测问题。一个对象的一个操作产生的信号可以由好多个槽函数处理,只要这些槽函数符合参数的匹配要求就能完成编译器匹配检测。

6.1.2　示例程序

6.1.2.1　定义信号与槽

要将信号与槽的定义放在一个类中,这个类一定要继承 public QObject 类,且在类定义的头部加上"Q_OBJECT"宏。加"Q_OBJECT"宏是 Qt 要求的。笔者曾经编写程序时未加这个宏,结果信号与槽完全不能运行,找了很久原因才发现是这个问题,读者要注意。

一个简单的定义信号与槽的示例代码如下,定义信号与槽的第一个注意事项是继承 QObject 类和定义 Q_OBJECT 宏。

```
class Flower : public QObject
{
    Q_OBJECT
public:
    Flower();
    void setBloomDate(const QDateTime& d);

protected slots:
    void onBloomTime();      //响应 Timer 信号:发出开花信号
    void onFadeTime();       //响应 Timer 信号:发出花谢信号

signals:
    void bloom();
    void fade();

private:
    QTimer * m_timer;
};
```

定义信号与槽的第二个注意事项是关键字。

定义信号的关键字是 signals,如上述代码所示,直接使用"signals:"标识信号函数区域,然后在其中定义信号函数。这些函数的定义方式与普通函数的完全一致,也可以加参数等。但需要注意,这些函数没有内容,也就是不需要实现这些函数。

定义槽函数的关键字是 slots,如上述代码所示,在该区域定义信号相应的 2 个槽函数。槽函数必须要实现,代码中要对接收的信号进行处理。信号函数可以带参数,而槽函数必须与信号函数拥有完全相同的参数,包括类型、顺序、个数等。特殊情况下,槽函数的参数也可以少于信号的参数,但不推荐。建议读者定义的信号与槽函数完全匹配,便于编译器进行安全检查。

注意　代码中的这 2 个槽函数并不与信号 bloom() 和 fade() 对应。从业务上讲，程序有一个 Flower 对象，它会发出 bloom() 和 fade() 信号，由另一个对象 FlowerClient 的槽函数接收并处理这些信号。

那么为什么 Flower 对象中还有 onBloomTime() 和 onFadeTime() 这 2 个槽函数呢？这是因为程序运行时不是一启动程序就执行开花程序（发送 bloom() 信号），而是设了一个 Timer，当计时到时开花，由 FlowerClient 对象接收并处理开花的信号，然后计时再到时花谢（发送 fade() 信号），再由 FlowerClient 对象接收并处理花谢的信号。

实际上，Timer 的 2 次倒计时与响应函数也使用了信号与槽机制。因此，本程序虽然很短，却实现了 2 个对象（Flower、FlowerClient），2 对信号与槽机制——Timer - Flower、Flower - FlowerClient，读者需注意区分。

FlowerClient 定义的槽函数代码如下：

```
class FlowerClient : public QObject
{
    Q_OBJECT
public:
    FlowerClient();

public slots:
    void onFlowerBloom();        //响应 flower::bloom
    void onFlowerFade();         //响应 flower::fade
};
```

6.1.2.2　创建信号与槽函数

创建信号与槽函数的代码如下：

```
//flower.cpp
#include "flower.h"

Flower::Flower()
{
    m_timer = NULL;
}

void Flower::setBloomDate(const QDateTime& d) {
    m_timer = new QTimer();
    connect(m_timer,
            QTimer::timeout,
            this,
            SLOT(onBloomTime()));
    m_timer->setSingleShot(true);    //只执行一次的 Timer
    m_timer->start(QDateTime::currentDateTime().msecsTo(d));    //到 d 开花:发出 bloom()信号
}

void Flower::onBloomTime() {
```

```
        m_timer ->disconnect(SIGNAL(timeout()), this);

        connect(m_timer,
                QTimer::timeout,
                this,
                fade);   // SLOT(onFadeTime())
        QDateTime curDate = QDateTime::currentDateTime();
        m_timer ->start(curDate.msecsTo(curDate.addSecs(5)));    //5 s 后花谢
        emit bloom();                                            //发出开花信号
}


void Flower::onFadeTime() {
        emit fade();
}
```

上述代码中先用 setBloomDate() 函数定义一个倒计时定时器,第一个计时结束时调用 onBloomTime() 函数,而该函数先定义一个花谢的倒计时定时器,然后发出开花信号。注意, 在这个函数中,使用了 m_timer ->disconnect() 函数解开了 timeout() 信号与槽的连接,然后 重新将 timeout() 信号连接到 fade()。

注意　实际上,这里应该是重新将 timeout() 信号与 SLOT(onFadeTime()) 槽函数连接,待计时结束后激发 onFadeTime() 函数,由该函数触发 fade() 花谢信号。直接将一个 timeout() 信号连接到 fade() 信号,也是 Qt 允许的技术。当触发 timeout() 信号时,直接触发另一个信号 fade() 可以省略上面介绍的过程。

FlowerClient 创建的槽函数代码如下:

```
# include "flowerclient.h"
# include <QDebug>

FlowerClient::FlowerClient()
{

}


void FlowerClient::onFlowerBloom() {
        qDebug() << "检测到开花信号,开花了...";
}


void FlowerClient::onFlowerFade() {
        qDebug() << "检测到花谢信号,花谢了...";
}
```

6.1.2.3　连接并使用信号与槽

最后要把 Flower 的信号与 FlowerClient 的槽函数连接起来,这里使用信号与槽机制完成 程序业务功能。这段代码在 main.cpp 中实现,具体如下:

```cpp
#include <QCoreApplication>
#include <QTimer>
#include <QDateTime>

#include "flower.h"
#include "flowerclient.h"

int main(int argc, char * argv[])
{
    QCoreApplication a(argc, argv);

    Flower * f = new Flower();
    f->setBloomDate(QDateTime::currentDateTime().addSecs(2));      //2 s后开花

    FlowerClient * fc = new FlowerClient();
    QObject::connect(f,
            Flower::bloom,
            fc,
            FlowerClient::onFlowerBloom);
    QObject::connect(f,
            Flower::fade,
            fc,
            FlowerClient::onFlowerFade);

    return a.exec();
}
```

　　程序代码不长,首先是创建 Flower 对象,设定计时时间为 2 s,再创建 FlowerClient 对象,然后使用 connect 将两者的信号与槽连接起来。

　　注意　当 Qt 5 以上的信号与槽连接时,一定要使用 SIGNAL 和 SLOT 宏,但 Qt 5 之后的版本,经笔者测试,可以省略这两个宏,直接定义到函数名(指针)。

　　此外,由于连接 Flower 信号与 FlowerClient 槽时所在的程序空间为 main 函数(即 this 指针指向 main 函数空间),因此指定 2 个对象的信号和槽时,要加上"Flower::"和"FlowerClient::",明确指向 2 个对象的具体函数。

　　最后,由 a.exec()执行整个程序,Flower 随着 2 次计时分别发送了开花和化谢 2 个信号,由 FlowerClient 接收并处理。完整的代码请参见本书配套资料"sources\chapter06\mytimer"。

6.2　Qt 事件处理

6.2.1　事件处理机制

　　Qt 可以处理的事件很多,例如之前设计界面时添加的按钮,在单击后会产生按钮单击事件,然后与函数 on_pushButton_clicked()相关联,程序员只需要在这个函数中写入单击按钮后的处理代码,就可以实现按钮响应的机制。整个流程在 Qt 可视化程序设计中非常简单。在设计界面中,右击按钮就会出现可选择的各种事件,这由程序员选择。

那么除了这些可视化的事件处理外,还有哪些操作更灵活、功能更丰富的事件处理机制呢?特定事件处理是 Qt 为程序员提供的解决方案之一。

下述示例代码分别使用了 keyPressEvent、mousePressEvent、mouseMoveEvent、mouseReleaseEvent、mouseDoubleClickEvent、wheelEvent 与 timerEvent 事件处理函数,分别对键盘、鼠标、鼠标轮、Timer 等事件进行响应。完整代码请参见本书配套资料"sources\chapter06\testEvent"。

```cpp
# include "dialog.h"
# include "ui_dialog.h"

# include <QDebug>
# include <QKeyEvent>
# include <QMouseEvent>
# include <QWheelEvent>
# include <QTime>

Dialog::Dialog(QWidget * parent) :
    QDialog(parent),
    ui(new Ui::Dialog)
{

    ui->setupUi(this);
    //setMouseTracking(true);    //不按下鼠标也跟踪鼠标事件
    idTimer1 = startTimer(1000);
    idTimer2 = startTimer(2000);


    //随机数
    qsrand(QTime(0,0,0).secsTo(QTime::currentTime()));
    int r = qrand() % 300;
    qDebug() << r;
}


Dialog::~Dialog()
{
    delete ui;
}


void Dialog::keyPressEvent(QKeyEvent * event)
{
    QString s;
    if (event->modifiers() == Qt::ControlModifier)
        if (event->key() == ( Qt::Key_A ))
            s = "ctrl + A";
```

```
        qDebug() << "按下了键盘: " << event->text() << s;
        QWidget::keyPressEvent(event);
        //event->ignore();
}


void Dialog::mousePressEvent(QMouseEvent * e)
{
    if (e->button() == Qt::LeftButton) {
        qDebug() << "按下了鼠标左键。";
        QCursor c;
        c.setShape(Qt::ClosedHandCursor);
        QApplication::setOverrideCursor(c);
        offset = e->globalPos() - pos();
    }

}


void Dialog::mouseMoveEvent(QMouseEvent * e)
{
    qDebug() << "鼠标移动";
    if (e->buttons() & Qt::LeftButton) {//按着左键移动
        QPoint t;
        t =  e->globalPos() - offset;
        move(t);
    }
}


void Dialog::mouseReleaseEvent(QMouseEvent * e)
{
    QApplication::restoreOverrideCursor();
    e->ignore();      //其他不处理,向下传递,系统处理
}


void Dialog::mouseDoubleClickEvent(QMouseEvent * e)
{
    if (e->button() == Qt::LeftButton) { //双击
        if (windowState() != Qt::WindowFullScreen)
            setWindowState(Qt::WindowFullScreen);
        else
            setWindowState(Qt::WindowNoState);   //恢复原状
    }
}


void Dialog::wheelEvent(QWheelEvent * e)
{
```

```
        if (e->delta() > 0) {
            qDebug() << "向上 wheel";
        } else
            qDebug() << "向下 wheel";


    }

    void Dialog::timerEvent(QTimerEvent * e)
    {
        if (e->timerId() == idTimer1)
            qDebug() << "timer1";
        else if (e->timerId() == idTimer2)
            qDebug() << "timer2";
    }
```

在 keyPressEvent() 函数处理键盘事件时,需要弄清楚 Qt 中按键是如何定义的。本例响应了 Ctrl+A 组合键,其他类型可由读者自行组配。

鼠标事件的几组处理函数比较清晰,此处不再赘述。在 Timer 事件处理中,如果定义了多个 Timer,可以由 e->timerId() 来判断处理的是哪个 Timer。但一般来说,一个程序中有一个 Timer 足以满足大部分的功能需求,多个 Timer 容易造成程序混乱。

除了特殊事件处理函数外,Qt 还提供了 QObject::event() 函数,用户可以继承并实现这个函数,由它处理 Qt 的所有事件。当然,在这个函数中处理事件,就类似 6.1.1.1 小节讲到的 Windows 消息处理,在函数内部要使用多个 case 语句,判断是哪个事件,然后分别编写事件处理函数。这个函数的灵活性更强,可以说是特殊事件处理函数的更底层函数,但它同时易造成代码结构混乱,不推荐读者使用。

6.2.2　高级事件响应

6.2.2.1　自主推动事件循环

如 4.3 节所述,当 Qt 程序处于远程网络通信、线程间通信等异步通信状态时,事件需要应用程序自行推动,否则程序会发生异常。

自主推动事件循环的函数是 QCoreApplication::processEvents(),一般把它放在一个循环语句中,如果异步事件已经同步,则可以退出这个循环。

6.2.2.2　与 Windows 程序消息通信

Qt 不仅能响应 Qt 自定义的各种消息、事件,还可以处理 Windows 标准消息。只要准确地使用这个机制,就可以实现 Qt 程序与外界 Windows 应用程序之间的通信。

由 Qt 程序处理外界 Windows 程序发出的消息的示例代码如下。首先是一个 VC 程序,它向外界发送 Windows 消息。注意,注释部分是向标准 Windows 程序 notepad.exe 发送了字符消息,可以在 notepad.exe 中自动插入字符串。

```
#include "stdafx.h"
#include <Windows.h>
int _tmain(int argc, _TCHAR * argv[])
```

```
{
    //HWND hWnd = ::FindWindowW(L"notepad", NULL); //搜索记事本程序主窗口句柄
    //if (hWnd == NULL)
    //MessageBox(NULL, L"句柄为空", NULL, NULL);
    //HWND hWndc = ::GetWindow(hWnd, GW_CHILD); //获得记事本客户区句柄(该窗口是记事本主窗口
                                                 //的子窗口,即那个白色的可编辑区域)
    //if(hWndc) { //如果获得了该句柄
    //::SendMessage(hWndc, WM_CHAR, 'A', NULL);      //发送按键消息
    //::PostMessage(hWndc, WM_CHAR, 'A', NULL);      //发送按键消息
    //}
    //else {
    //MessageBox(NULL, L"未能发送消息", NULL, NULL);
    //}
    //MessageBox(NULL, L"正确运行,停止", NULL, NULL);
    //pause;

    HWND hWnd = ::FindWindowW(L"Qt5App", NULL); //必须没有其他 Qt 程序,程序必须有窗口(隐藏到
                                                //右下角的程序找不到句柄)
    if (hWnd) { //如果获得了该句柄
        ::SendMessage(hWnd, WM_COPY, NULL, NULL);   //发送按键消息
        ::PostMessage(hWnd, WM_CHAR, 'A', NULL);    //发送按键消息
    }
    else {
        MessageBox(NULL, L"未能发送消息", NULL, NULL);
    }
    MessageBox(NULL, L"正确运行,停止", NULL, NULL);
    return 0;
}
```

接收消息的应用程序无论是 notepad 还是 qt5app,都需要事先处于执行状态,且程序处在有界面状态,如果程序隐藏在系统托盘中,则消息无法传递。

qt5app 程序的代码如下:

```
class MyXcbEventFilter : public QAbstractNativeEventFilter
{
public:
    virtual bool nativeEventFilter(const QByteArray &eventType, void * message, long * l) Q_
DECL_OVERRIDE
    {
        if (eventType == "windows_generic_MSG" || eventType == "windows_dispatcher_MSG") {
            //windows 消息
            MSG * pMsg = reinterpret_cast<MSG * >(message);
            if(pMsg ->message == WM_CHAR)//在这里处理消息
            {
                qDebug() << " ==>发送了: WM_CHAR";
```

```
        } else if (pMsg ->message == WM_COPY)
            qDebug() << " ==＞发送了：WM_COPY";


        qDebug() << "wm:" << pMsg ->message;
    }
    return false;
    }
}


int main(int argc, char * argv[])
{
    QApplication a(argc, argv);

    //注册 Windows 消息处理
    MyXcbEventFilter * Filter = new MyXcbEventFilter();
    a. installNativeEventFilter(Filter);      //注册

    Dialog w;
    w. show();
    return a. exec();
}
```

　　要响应外界 Windows 消息，就要先自定义事件过滤器类（MyXcbEventFilter），它的函数 nativeEventFilter()比上面介绍的 event()、特殊事件处理函数以及时间处理函数更底层、更灵活，功能也更强大。但要慎重使用，否则容易使程序整体事件处理机制出错。

　　定义类后要实现 nativeEventFilter()函数，在函数中判断“eventType=="windows_generic_MSG" ‖ eventType=="windows_dispatcher_MSG""，如果为真则是 Windows 消息。接下来就可以根据 WM_CHAR 之类的 Windows 标准消息判断消息类型，并做出响应。

　　使用事件过滤器需要先注册，main 函数中的 a. installNativeEventFilter(Filter)实现注册，然后事件处理机制无需用户干预，就可以自行使用用户注册的事件过滤器处理所有事件。

　　实际代码请读者自行完成。

6.3　系统关键功能

6.3.1　查看网络是否连接

　　有时应用程序需要知道当前网络状态，如果处于连接互联网状态，则允许程序正常运行，将数据传输到服务器端；如果处于断网状态，则要么不允许用户继续操作，要么将用户的操作结果缓存起来，待连通网络后一并传送到服务器端。

　　Windows 平台下有判断网络是否正常接入互联网的功能。这里用 Qt 程序重新实现，形成我们自己的版本，代码如下：

```cpp
//拨号
#define INTERNET_CONNECTION_MODEM 1
//局域网
#define INTERNET_CONNECTION_LAN 2
//代理上网
#define INTERNET_CONNECTION_PROXY 4
//代理被占用
#define INTERNET_CONNECTION_MODEM_BUSY 8
//定义函数指针
typedef bool ( * ConnectFun)(int * lpdwFlags,int dwReserved);
//获得联网方式
bool Dialog::GetInternetConnectState()
{
    QLibrary lib("Wininet.dll");
    bool bOnline = false;
    //如果正确加载了 DLL
    if(lib.load())
    {
        int flags;
        //获取 DLL 库中 InternetGetConnectedState 函数的地址
        ConnectFun myConnectFun = (ConnectFun)lib.resolve("InternetGetConnectedState");
        //判断是否连网
        bOnline = myConnectFun(&flags,0);
        if(bOnline) {
            //在线:拨号上网
            if ( flags & INTERNET_CONNECTION_MODEM ){
                QMessageBox::information(0,QObject::tr("网络连接提示"),
                QObject::tr("已经连接上了网络 在线:拨号上网"));
            } else if(flags & INTERNET_CONNECTION_LAN) {//在线:通过局域网
                QMessageBox::information(0,QObject::tr("网络连接提示"),
                QObject::tr("已经连接上了网络 在线:通过局域网"));
            } else if(flags & INTERNET_CONNECTION_PROXY) {
                QMessageBox::information(0,QObject::tr("网络连接提示"),
                QObject::tr("已经连接上了网络 在线:代理"));
            }
        } else {
            QMessageBox::information(0,QObject::tr("网络连接提示"),
            QObject::tr("没有连接网络,请连接网络"));
        }
    }
    return bOnline;
}
```

如果读者已经阅读前面介绍动态链接库的 4.1.3 小节,那么对上述代码应该不陌生。实际上,上述代码动态加载了 Windows 系统动态链接库 Wininet.dll,然后获取其中的功能函数

InternetGetConnectedState()，并借用这个函数判断是否连接到互联网。实际上，我们的 Qt 程序在判断互联网状态上没有写任何实际有效的代码，只不过借用了 Windows 的关键库和函数，由它代为判断，我们只获取结果。

值得说明的是，这段代码不仅可以判断是否连入互联网，而且可以判断出连入网络的方式，如是拨号上网还是局域网上网。

最后，编写的代码需要能找到 Windows 的 Wininet.dll，它要么在 Windows 系统目录中，要么在应用程序的执行目录中。详细内容请参见 4.1.3 小节。

6.3.2　识别操作系统位数

目前操作系统版本众多，以 Windows 为例，不仅有大版本的不同（如 Windows XP、Windows 7、Windows 10 等），还有位数的不同（如 64 位操作系统、32 位操作系统）。有些情况下，一个应用程序要加载的模块对操作系统位数非常敏感，64 位的模块不能运行在 32 位操作系统上，或 32 位的模块不能运行在 64 位操作系统上。应用程序需要识别操作系统的位数。

同样，Windows 系统函数也提供了返回操作系统位数的功能，我们用 Qt 代码封闭它，代码如下：

```
int Dialog::windows64Or32()
{
    //Windows 判断是否是 64 位的方法
    SYSTEM_INFO si;
    GetNativeSystemInfo(&si);
    if (si.wProcessorArchitecture == PROCESSOR_ARCHITECTURE_AMD64 ||
        si.wProcessorArchitecture == PROCESSOR_ARCHITECTURE_IA64 )   {
        //64 位操作系统
        return 64;
    }  else   {
        // 32 位操作系统
        return 32;
    }
    return 0;
}
```

程序使用了 Windows 系统变量 SYSTEM_INFO，使用 Windows 系统函数 GetNativeSystemInfo()获取了 SYSTEM_INFO 信息。这个信息中的 wProcessorArchitecture 属性记录了操作系统的位数，如上述代码所示，如果它是 PROCESSOR_ARCHITECTURE_AMD64 或是 PROCESSOR_ARCHITECTURE_IA64 类型，则是 64 位系统，否则就是 32 位操作系统。

6.3.3　查看系统目录

6.3.3.1　获取 Windows 系统目录

当前应用程序流行的做法是把程序的配置文件放到 Windows 系统目录 My Documents 或"我的文档"文件夹中，把应用程序的关键数据放在 Windows 的 ProgramData 目录中，这就需要我们能够在 Qt 中获取 Windows 系统目录。

在 Qt 中获取系统目录的代码如下：

```
# include <QStandardPaths>

QStringList slist = QStandardPaths::standardLocations(QStandardPaths::DocumentsLocation);
    //windows: my documents
    //QStandardPaths::TempLocation:windows temporary directory
qDebug() << "here: " << slist[0];
```

代码很简短，首先要引用 QStandardPaths 头文件，然后使用 QStandardPaths::standard-Locations 获取所要的目录，如 QStandardPaths::DocumentsLocation 参数表示要获取 Windows 系统目录 My Documents 或"我的文档"文件夹，QStandardPaths::TempLocation 参数表示要获取 Windows 临时文件目录。其他内容可参见 Qt 文档中的 QStandardPaths 部分。

需要注意的是，返回的目录结果是 QStringList，这是因为有时同一类型的系统目录可能不只一个，这时就需要使用 slist[0] 获取字符串列表中的第 1 个字符串，即要获取的系统目录。

最后需要强调的是，Qt 是跨平台的程序开发语言，QStandardPaths 头文件支持多种常见平台，因此如果需要获取 Linux 平台下的某目录，则也要使用该头文件和它的函数，具体方式与上面相同，详细内容请参见 Qt 文档。

6.3.3.2　获取应用程序所在目录

同样，应用程序需要获取程序所在的目录，一般这个目录是应用程序安装或复制后在硬盘上的位置，也是应用程序 EXE 文件所在的目录。相对来说，这个应用程序所在目录是一个重要信息，因为后续产生的所有文件的更新、数据下载、临时存储大多发生在这个目录中。

Qt 共提供了 3 种方法来获取应用程序所在的目录。第一种方法是 QDir::currentPath()，参考代码如下：

```
configIniWrite.setValue("/program/installedDir", QDir::currentPath().trimmed());
```

加上 trimmed() 函数是去除返回目录字符串的前后空白字符。

第二种方法是 QCoreApplication::applicationDirPath()，示例代码如下：

```
QString strAppDir = QcoreApplication::applicationDirPath();
    //应用程序（EXE 文件）所在当前目录
QDir mydir(strAppDir);
if (!mydir.exists("abc")) {
    mydir.mkdir("abc");            //在应用程序所在当前目录下创建新的目录 abc
}
```

这种方法能够直接获取应用程序所在的目录，它返回的是字符串。要使用这个目录就需要借用 QDir 中转一下，然后再像操作目录那样执行创建目录、文件等功能。

大多数情况下，上述两种方法可以非常准确地找到应用程序所在的目录，但有一种情况除外：现代应用程序在安装后，会在 Windows 菜单或桌面上留下快捷方式，如果用户单击了这个快捷方式启动了应用程序，则使用上述两种方法获取的应用程序所在目录就变成了 Windows 菜单栏所在的目录，如"C:\Users\fs\AppData\Roaming\Microsoft\Windows\Start Menu\

Programs\myqt",而不是我们的 Qt 程序安装在硬盘上的目录。

实际上,这可以算成是 Qt 的一个 bug。目前,经笔者实际测试,要解决这个问题可以采用第三种方法 QCoreApplication∷applicationFilePath(),具体代码如下:

```
QString strAppDir = QCoreApplication∷applicationFilePath();//dir/kookoo.exe
strAppDir = strAppDir.left(strAppDir.lastIndexOf("/"));//处理后面的 EXE,得到 dir
```

QCoreApplication∷applicationFilePath()获取的是真正 EXE 文件所在的目录,这样无论是直接单击了 EXE 文件,还是通过快捷菜单启动了 EXE 文件,该函数均能够获取 EXE 文件的信息。注意,这个信息是完整的 EXE 文件目录名,如"d:\abc\myqt.exe",要使用字符串处理掉后面的"\myqt.exe",留下的才是目录。将 myqt.exe 前面的目录符号"\"也去除的原因是,Qt 系统记录的所有目录均不包含最后面的"\"符号。经过去除操作后的目录为"d:\abc"。

6.3.4　防止程序自动退出

本书的示例程序——远程传输与控制系统是一个主要运行在 Windows 系统托盘的程序,大多数情况下它要把主界面隐藏,然后最小化到右侧系统托盘中。开发这个功能的过程中,笔者发现,程序隐藏到托盘后经常会自动退出程序。于是笔者找到下述代码,用于防止程序自动退出。

```
QApplication∷setQuitOnLastWindowClosed(false);
```

Qt 程序自动退出是 Qt 的一个 bug,当 Qt 程序属于系统托盘程序(无界面程序)时,如果程序的最后一个对话框退出,则 Qt 会认为程序已完结,于是自动退出应用程序。

把上述代码加入到远程传输与控制系统 dialog.cpp 的初始化函数中,则应用程序就不会再自动退出。

6.3.5　执行外部进程

6.3.5.1　启动第三方进程

Qt 程序可以启动程序外的第三方进程,示例代码如下:

```
//简单方式 1
//头
    ♯ include ＜QProcess＞
    QProcess myProcess;
//内容
    void Dialog∷on_pushButton_clicked()
    {
        myProcess.start(ui→lineEdit→text()); //可以不加"exe;", 可以不加全路径名
    }
```

首先要引用 Qt 的进程模块库 QProcess,然后 QProcess∷start()函数执行参数指定的进程,如"notepad"。注意,这里的参数可以不加文件后缀".exe",也可以不加全路径名,只要当前系统能找到这个文件就可以执行。

如果要启动的进程带参数,则需要使用另一种方式,示例代码如下:

```
QProcess process;
QString strAppDir = QCoreApplication::applicationDirPath();
process.start("\"" + strAppDir + "/devcon.exe\" enable \"@root\\usb\\xxxx\"");
process.waitForFinished();
```

代码看起来有点复杂,先弄清楚 Qt 程序要启动的第三方进程是什么。这个进程是
""strAppDir/devcon.exe" enable "@root\usb\xxxx"",它的功能是使用 strAppDir 变量指定
目录下的 devcon.exe,启动指定位置 xxxx 处的 USB 设备。但这个字符串参数为什么要加这
么多双引号呢? 可以不加吗? 答案是可以不加,但 strAppDir 变量指向的目录不能包含空格,
如果指向了类似"c:/program files/myapp"这样的目录,那么程序就必须加上双引号,否则会
出错。至于参数"@root\usb\xxx"部分,建议仍加上双引号,以保证程序的可扩展性与兼容性。

上面的例子均说明了 QProcess::start()函数启动的第三方进程,QProcess::starteDe-
tached()函数启动的进程如下:

```
QString strAppDir = QCoreApplication::applicationDirPath();
QProcess::startDetached("\"" + strAppDir + "/devcon.exe\" enable \"@root\\usb\\xxxx\"");
```

QProcess::start()和 QProcess::starteDetached()的区别在于,后者启动第三方进程后就
不管了,而前者可以在启动第三方进程后与这个进程通信,获取这个进程的返回值等。感兴趣
的读者可以参考 Qt 文档,此处不再赘述。

进程操作的相关示例代码请参见本书配套资料"sources\chapter06\testProcess",程序运
行状态图如图 6.1 所示。

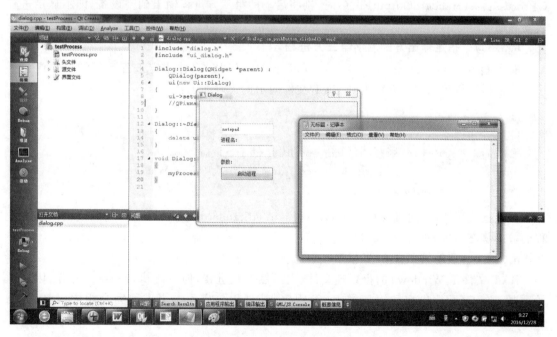

图 6.1　进程测试程序运行状态图

6.3.5.2　停止第三方进程

Qt 可以启动一个第三方进程,也可以停止一个正在运行的第三方进程,示例代码如下:

```
process.start("taskkill /IM iexplore.exe /T /F");
process.waitForFinished();
```

上述代码显示 Qt 程序停止了一个运行的 IE 浏览器程序,并等待 IE 浏览器退出完成才进行后续的 Qt 代码。

读者可能也看到了,Qt 并没有使用自己的代码来停止第三方进程,而是借助 Windows 系统工具 taskkill 来停止第三方进程。从本质上来说,相当于 Qt 启动了 taskkill 这个第三方进程,由它来终止指定的进程。

6.3.5.3   后台方式启动第三方进程

Qt 启动一个第三方进程,这个进程就像被正常启动那样进入自己的界面。例如,Qt 启动 notepad.exe,那么操作系统就会打开一个记事本窗口,等待用户输入。

有时我们希望能以后台方式启动一个进程,例如启动 notepad.exe,该进程被操作系统启动,但没有在界面中显示出来。要怎样实现这个功能呢? 具体代码如下:

```
QProcess process;
process.setStandardOutputFile(QProcess::nullDevice());
    //外部进程输出窗口为空,即不显示运行界面
QString strAppDir = QCoreApplication::applicationDirPath();
process.start("\"" + strAppDir + "/devcon.exe\" enable \"@root\\usb\\xxxx\"");
```

使用 QProcess::setStandardOutputFile()函数指定启动的第三方进程输出到哪里,如果不调用这个函数,则默认输出到显示屏幕。使用 QProcess::nullDevice()作为参数调用 QProcess::setStandardOutputFile()时,则将启动的第三方进程输出到空设备,即不显示进程启动界面。

6.3.5.4   指定输出方式启动第三方进程

有了 QProcess::setStandardOutputFile()函数,还可以具体指定进程运行结果输出到哪里。将进程运行状态与结果输出到 TXT 文件的示例代码如下:

```
QProcess process;
process.setStandardOutputFile("aaaa.txt");       //下面进程的输出结果在 aaaa.txt 中
QString strAppDir = QCoreApplication::applicationDirPath();
process.start("\"" + strAppDir + "/devcon.exe\" enable \"@root\\usb\\xxxx\"");
process.waitForFinished();
```

如上述代码所示,通过参数配置 QProcess::setStandardOutputFile(),将启动的第三方进程的输出状态写入 aaaa.txt 文件中。

6.3.5.5   启动第三方 BAT 程序

BAT 文件是 Windows 的批处理文件,它虽然不是进程,但也能执行一系列操作,因此比较重要。在 Qt 程序中启动第三方 BAT 程序,其过程与启动一个进程完全相同,具体代码如下:

```
QProcess process;
process.setStandardOutputFile(QProcess::nullDevice());
process.start("\"" + strAppDir + "/utils/myapp.bat" + "\"");
process.waitForFinished();
```

如上述代码所示,首先设置启动的第三方程序输出为空,然后启动 myapp. bat 程序,这样 BAT 程序启动时的黑色 DOS 窗口就不再出现了,从而实现以后台方式启动的功能,而用户在操作时不会受到打扰。

6.4　服务模块

6.4.1　INI 文件操作

在前面开发远程传输与控制系统时,已经对 INI 文件进行了操作,但并不系统,下面将系统地介绍 INI 文件的读/写操作。整个过程包含 3 个部分:加载 INI 文件,读 INI 文件,将参数写入 INI 文件。示例代码如下:

```
//1. 加载 INI 文件
QStringList slist = QStandardPaths::standardLocations(QStandardPaths::DocumentsLocation);
QDir documentsDir = slist.at(0);
QString configIni = "/config.ini";
QString configIniWhole = documentsDir.path() + configIni;
QFile findIniFile(configIniWhole);
if (!findIniFile.exists()) {
    QMessageBox::information(this, "配置文件", "配置文件丢失。\n\n 请检查 我的文档\config.ini 是否存在。");
    //qApp->quit();
    isThereConfigINI = false;
    return;
}
isThereConfigINI = true;

//2. 读 INI 文件
QSettings configIniRead(configIniWhole, QSettings::IniFormat);
curUserName = configIniRead.value("/program/username").toString(); //从 INI 文件读数据
curVersion = configIniRead.value("/program/version").toDouble();

//3. 将参数写入 INI 文件
QSettings configIniWrite(configIniWhole, QSettings::IniFormat);
configIniWrite.setValue("/program/installedDir", QDir::currentPath().trimmed()); //向 INI 文
                                                                               //件写数据

//参考的 INI 文件格式
[program]
username = abc
version = 2.3
installedDir =
```

如上述代码所示,首先找到 INI 文件,然后进入读/写参数状态。

读很简单,首先使用 QSettings configIniRead(configIniWhole, QSettings::IniFormat)创建 INI 文件操作变量,然后使用 configIniRead.value("/program/username")读出指定参数"/program/username"下的值,最后使用 toString()将值转换为字符串。

写操作也很简单,使用 configIniWrite.setValue("/program/installedDir", QDir::currentPath().trimmed())将变量值写入"/program/installedDir",即 INI 文件中的"installedDir＝"处。

由于 INI 文件操作比较简单,读者只需按照上述形式编写程序即可,对功能实现的细节无需深究。

6.4.2　JSON 文件操作

同样,这里将系统地介绍 JSON 文件的读/写操作。

6.4.2.1　简单格式的 JSON 串

简单格式的 JSON 串是指串中只有简单的属性——值对,如{"name": "use1", "id": "3577"},串中没有复杂的数组或其他格式的数据。对这类简单串的读取示例代码如下:

```
QString json("{"
        "\"dealerNo\":\"0240000044\","
        "\"userId\":\"000000000000000000000000002400044\","
        "\"topDealerNo\":\"0240\""
        "}");

QJsonParseError error;
QJsonDocument jsonDocument = QJsonDocument::fromJson(json.toUtf8(), &error);
if (error.error == QJsonParseError::NoError) {
    if (jsonDocument.isObject()) {
        QVariantMap result = jsonDocument.toVariant().toMap();
        curUserName2 = result["dealerNo"].toString();
        curUserID = result["userId"].toString();
        curUserZone = result["topDealerNo"].toString();
    }
} else {
    qDebug() << "json error";
}
```

注意　程序使用 QJsonParseError 处理错误,使用 QJsonDocument 表示待处理的 JSON 串。如果读入 JSON 串无错,则使用"QVariantMap result＝jsonDocument.toVariant().toMap()"转换映射关系,转换后就可以像操作数组那样操作 JSON 串。

具体的写入示例代码如下:

```
QJsonObject json;
json.insert("Name", QString::fromLocal8Bit(idcard.Name).trimmed());
json.insert("Sex", QString::fromLocal8Bit(idcard.Sex).trimmed());
json.insert("Nation", QString::fromLocal8Bit(idcard.Nation).trimmed());
QJsonDocument document;
```

```
document.setObject(json);
QByteArray byte_array = document.toJson(QJsonDocument::Compact);
QString json_str(byte_array);
```

首先创建一个 QJsonObject 对象,向它插入各种属性对;然后使用 QJsonDocument 描述 JSON 文档;最后将文档转换为 JSON 文件或字符串。

6.4.2.2　复杂格式的 JSON 串

复杂格式的 JSON 串包括多值属性对以及数组等格式。一个复杂的 JSON 示例为 {"name":"mxq","number":1,"array":[23,"asdf",true]},其中,第一个属性 name 是简单的字符串,第二个属性 number 是整型,第三个属性 array 则是由 3 个属性值组成的数组,分别表示一个整数、一个字符串和一个布尔值。

要读取类似的复杂 JSON 串,其方法和 6.4.2.1 小节介绍的不同,具体的示例代码如下:

```
QJsonParseError error;
QJsonDocument jsonDocument = QJsonDocument::fromJson(QString(json).toUtf8(), &error);
if (error.error == QJsonParseError::NoError) {
    if (jsonDocument.isObject()) {
        QJsonObject result = jsonDocument.object();
        QJsonObject::iterator it = result.begin();
        while(it != result.end())
        {
        switch (it.value().type())
        {
            case QJsonValue::String:
                qDebug() << it.key() << " = " << it.value().toString();
                break;
            case QJsonValue::Array:
                qDebug() << it.key() << " = " << it.value().toArray();
                QJsonArray subarray = it.value().toArray();
                qDebug() << "subarray count = " << subarray.count();
                qDebug() << "value 1 = " << subarray.at(0).toInt();
                qDebug() << "value 2 = " << subarray.at(1).toString();
                qDebug() << "value 3 = " << subarray.at(2).toBool();
                break;
            case QJsonValue::Bool:
                //qDebug() << it.key() << " = " << it.value().toBool();
                break;
            case QJsonValue::Double:
                //qDebug() << it.key() << " = " << it.value().toDouble();
                break;
            case QJsonValue::Object:
                //qDebug() << it.key() << " = " << it.value().toObject();
                break;
            case QJsonValue::Null:
                //qDebug() << it.key() << " = null";
```

```
            break;
        case QJsonValue::Undefined:
            qDebug() << "type is Undefined!";
            break;
        }
    it++;
    }
  }
}
```

与简单格式的 JSON 串处理不同,它用的不是映射 Map(),而是迭代"QJsonObject∷iter-ator it＝result. begin()"。程序首先判断 JSON 元素的类型(it. value(). type()),然后根据不同类型分别进行处理。值得注意的是数组的处理,使用"QJsonArray subarray＝it. value().toArray()"获取数组元素,然后用 subarray. at(x)分别获取数组中的各个属性值。当然,取出的值同样要经过类型转换为 Qt 格式的数据。

6.4.3　XML 文件操作

XML 文件是前几年比较流行的数据存储格式,近年来有被 JSON 格式替代的趋势。Qt同样支持 XML 文件的读/写操作。Qt 中操作 XML 文件的技术很多,有 DOM(QDomEle-ment)、SAX 包等,推荐使用 Qt 自带的 QXmlStreamReader 与 QXmlStreamWriter,它们即没有 DOM 比较慢的问题,也没有 SAX 比较复杂的问题。下面给出一个简单示例的代码,更详细的内容请读者自行参阅相关文档。

```
QByteArray xmlcontents;
QXmlStreamWriter xmlstreamwriter(&xmlcontents);
xmlstreamwriter.setAutoFormatting(true);
xmlstreamwriter.writeStartDocument();
xmlstreamwriter.writeStartElement("xml");
xmlstreamwriter.writeStartElement("round");
xmlstreamwriter.writeAttribute("id", mRoundId);
xmlstreamwriter.writeAttribute("tableid", mTableId);
//player1
xmlstreamwriter.writeStartElement("player1");
xmlstreamwriter.writeAttribute("framescore", mPlayer1Frame);
xmlstreamwriter.writeAttribute("points", mPlayer1Point);
xmlstreamwriter.writeAttribute("break", mPlayer1ContinuePoint);
xmlstreamwriter.writeCharacters("ABC");    //添加内容
xmlstreamwriter.writeEndElement();
//player2
xmlstreamwriter.writeStartElement("player2");
xmlstreamwriter.writeAttribute("framescore", mPlayer2Frame);
xmlstreamwriter.writeAttribute("points", mPlayer2Point);
xmlstreamwriter.writeAttribute("break", mPlayer2ContinuePoint);
xmlstreamwriter.writeEndElement();
```

```
xmlstreamwriter.writeEndElement();
xmlstreamwriter.writeEndElement();
xmlstreamwriter.writeEndDocument();


XML 文件示例:a.xml
<? xml version = "1.0" encoding = "UTF - 8"? >
<xml>
    <round id = "" tableid - "1">
        <player1 framescore = "" points = "" break = "">ABC</player1>
        <player2 framescore = "" points = "" break = ""/>
    </round>
</xml>
```

读入 XML 文档的模块是 QXmlStreamReader,它的使用与 QXmlStreamWriter 非常相似,示例代码如下:

```
QFile xmlfile ("a.xml");
if( xmlfile.open(QIODevice::ReadOnly | QIODevice::Text))
{
    QXmlStreamReader xmlReader(&xmlfile);
    xmlReader.readNext();
    while(!xmlReader.atEnd())
    {
        if (xmlReader.isStartElement())
        {
            if (xmlReader.name() == "round")
            {
                continue;
            }
            if (xmlReader.name() == "player1")
            {
                QString str = xmlReader.readElementText();
                qDebug() << str;
            }
            if (xmlReader.name() == "player2")
            {
                QString str = xmlReader.readElementText();
                qDebug() << str;
            }
        }
        xmlReader.readNext();
    }
}
```

更详细的内容请读者参阅相关文档。

6.4.4 二进制数据处理

6.4.4.1 base64 码

将二进制信息转换为文本 ASCII 码信息，是通过 Web 方式传输数据的重要方式。例如，当发送电子邮件附件时，所有的二进制附件都要转换成 ASCII 码，然后再传输。转换的方式有很多种，比较常用的是 base64 码。

Qt 能够很好地支持 base64 码，一个简单的示例代码如下：

```
// b1 ----tob64---> b_b64 ----fromb64---> b2  //b1 == b2
QByteArray b1 = QString("abc").toLatin1();
QByteArray b_b64 = b1.toBase64();
qDebug() << b_b64;
QByteArray b2 = QByteArray::fromBase64(b_b64);
qDebug() << b2;
```

上述代码中，先将 b1 转换成 b64 码，然后再转换回来。转换的函数使用了 Qt 内置函数 toBase64() 和 fromBase64()。注意，这两个函数是 QByteArray 的函数，要结合 QByteArray 变量使用。

6.4.4.2 文本化处理

将二进制数据转换为文本格式，目前还有一种适合程序阅读的方案，就是直接将十六进制的值转换为字符串，如十六进制 0xF3 转换为字符串 F3。这种方案转换的效率要比 base64 低，但非常适合程序员阅读。

一个简单的示例代码如下：

```
QString Dialog::HexToString(void * hexValue, long Size)
{
    char Pool[3] = {0,0,0}; QString RetCode = "";

    for(long nIndex = 0; nIndex < Size; nIndex += 1)
    {
        Pool[0] = (( * ((unsigned char * ) hexValue + nIndex))&0xF0) >> 4;
        Pool[1] = (( * ((unsigned char * ) hexValue + nIndex))&0x0F) >> 0;

        Pool[0] = (Pool[0] < 10) ? ('0' + Pool[0]) : ('A' + Pool[0] - 10);
        Pool[1] = (Pool[1] < 10) ? ('0' + Pool[1]) : ('A' + Pool[1] - 10);

        RetCode += Pool;
    }
    return RetCode;
}
```

参数 hexValue 是二进制数组指针，函数处理时将其视为十六进制数据，然后将其转换为十六进制格式的字符串。

6.4.5　Qt 日志

　　一个完整的应用程序应该有日志功能,用于记录应用程序执行的重要过程,出错时可以翻查,找到问题根源,调整程序。

　　Qt 提供了日志功能,而且功能十分简单且强大。十分简单指的是,只需要几行代码就可以实现 Qt 日志功能;强大指的是,平时开发程序所用的 qDebug()、qWarning()等语句,可以不加修改地直接写入日志中,在程序打开日志功能和关闭日志功能的情况下,实现调试语句的无缝切换。

　　实现 Qt 日志只需要几行代码,一般将其放在 main 函数中,代码如下:

```
void MyOutputMessage(QtMsgType type, const QMessageLogContext &context, const QString &msg) {
    static QMutex mutex;
    mutex.lock();

    QString text;
    switch(type)
    {
    case QtDebugMsg:
        text = QString("Debug:");
        break;

    case QtWarningMsg:
        text = QString("Warning:");
        break;

    case QtCriticalMsg:
        text = QString("Critical:");
        break;

    case QtFatalMsg:
        text = QString("Fatal:");
    }

QString context_info = "";
QString current_date_time = QDateTime::currentDateTime().toString("yyyy-MM-dd hh:mm:ss ddd");
    QString current_date = QString("(%1)").arg(current_date_time);
    QString message = QString("%1 %2 %3 %4").arg(current_date).arg(text).arg(context_info).arg(msg);

    QString strAppDir = QCoreApplication::applicationFilePath();
    strAppDir = strAppDir.left(strAppDir.lastIndexOf("/"));
    QFile file(strAppDir + "/log.txt");                    //指定日志文件存储位置
    if (file.size() > 20000000) { file.remove(); }    //日志如果大于 20 MB 则删除
    file.open(QIODevice::WriteOnly | QIODevice::Append);
```

```
    QTextStream text_stream(&file);
    text_stream << message << "\r\n";
    file.flush();
    file.close();
    mutex.unlock();
}

//在 main 函数中激活日志功能
int main(int argc, char * argv[])
{
    QApplication a(argc, argv);
    //注册 MessageHandler
    qInstallMessageHandler(MyOutputMessage);        //注册日志
    //…
}
```

由上述代码可知,首先定义日志函数 MyOutputMessage(),函数中的 switch 语句用于处理日志信息来自哪里的问题,如果是 QtDebugMsg,则表示信息来自 qDebug()语句。同理,QtWarningMsg 表示 qWarning()输入值,QtCriticalMsg 表示 qCritical()输入,而 QtFatalMsg 则表示 qFatal()输入。

接下来的 context_info、current_date 变量是日志的上下文、日志记录时间等,将它们与 qDebug()等语句输入的信息结合起来就会形成一条完整的日志记录 message。

代码后面形成日志文件,然后将 message 插入文件中。注意,代码增加了一个功能,如果日志大于 20 MB,则清空日志。这个功能还可以扩展为循环覆盖模式,以防止日志丢失。感兴趣的读者可自行完成。

日志函数中使用了 mutex 实现互斥,这是为了防止出现在向日志写入一条记录的过程中,另一记录写入打乱正常功能的情况。这常发生在多线程程序中,但为保证安全起见,建议读者在非多线程程序中也使用互斥变量,以保证程序的可扩展性。

激活日志功能非常简单,在 main 函数中使用 qInstallMessageHandler（MyOutputMessage)函数注册日志,则所有 qDebug()等语句输入的信息均会写到日志文件 log. txt 中。取消日志也很简单,注释掉 qInstallMessageHandler()语句,则 qDebug()等语句的信息就又会输出到屏幕中。

第 **7** 章
程序打包与发布

程序开发完后,还有一个打包与发布的大问题等着程序设计师。为什么说这是一个大问题呢? 一个应用程序在开发人员的机器上能够正常运行,但复制到其他机器上后,大多数情况下都无法顺利运行,总会出现这样或那样的问题,而解决这个问题不是那么容易的,因此被称为大问题。这既是笔者的开发经验,也是笔者经常遇到的问题。

7.1 发布 Qt 程序

在发布程序阶段,有 2 个需要注意的事项:一是程序是 Release 版本还是 Debug 版本;二是程序都依赖哪些动态链接库,这些 DLL 是否都准备好提供给打包程序了。

7.1.1 Release 与 Debug 编译

几乎所有的应用程序开发平台都给程序员提供了 Release 和 Debug 两种版本的开发环境。Debug 环境用于开发调试程序阶段,因为它提供了详细且丰富的调试代码(隐藏在后台,程序员不可见),可以通过开发平台的工具来控制程序流程、暂停程序、跳进一个函数、跳出一个过程,甚至可以做好对 CPU 级别指令的识别和控制。如果用好这些工具,那么程序员开发程序遇到的错误几乎全部可以顺利解决。但正是由于 Debug 环境向程序插入了很多的调试指令,因此程序开发后所占空间较大,且执行效率低,如果程序正式开发完毕,则需要转换到 Release 版本。因为 Release 版本程序体积小、效率高,所以应用程序应切换到 Release 版本编译形成最终版本,然后提供给打包程序。

在 Qt 中切换 Release 和 Debug 版本非常容易,在 Qt Creator 界面左下侧有 Release 和 Debug 版本环境的切换按钮,非常明显。需要注意的是,切换后,一方面程序需要彻底地重新编译,可能需要花费一点时间;另一方面,重新编译生成的编译结果和 Debug 版本并不在同一个目录中,一般来说,Release 版本编译目录含有 Release 字样,Debug 版本编译目录含有 Debug 字样,除此之外,目录名的其他部分完全一致。

7.1.2 动态链接库依赖

编译完最终的 Release 版本程序后要确定依赖的 DLL 文件。

网络上常见的提问是,用户使用某种语言和平台开发了一个程序后,在自己的机器上能够正确运行,而复制到其他计算机里却无法运行,提示缺失某个 DLL 文件。如 4.1.3 小节中所介绍的,Qt 的 EXE 程序一般不能独立运行,它需要 Qt 模块库中的一种或多种动态链接库 DLL 配合才能运行,而且由于 Qt 是跨平台的开发平台,所以 EXE 文件运行在 Windows、Linux 等不同平台上需要打包不同的 DLL。

梳理 Qt 应用所需的动态链接库需要从以下几个方面入手:

- 程序是 Release 版本还是 Debug 版本。Qt 开发平台为程序员提供了 2 种版本的 DLL，一般情况下，Debug 版本的 DLL 文件名是在 Release 版本 DLL 文件名后面加个 d 字符。例如，Qt5Core.dll 是 Release 版本的 Qt 核心库，则 Debug 版本的核心库为 Qt5Cored.dll。
- Qt 程序依赖的核心 DLL（以 Release 版本为例）。一般要从"Qt 安装目录\Qt 5.5.1\ 5.5\mingw492_32\bin"（Debug 版本的 DLL 也在这个目录中）下面找到这些 DLL，为打包程序做准备，具体的有：
  - ✓ libgcc_s_dw2-1.dll ♯mingw 依赖库；
  - ✓ libstdcC++-6.dll ♯mingw 依赖库；
  - ✓ libwinpthread-1.dll ♯mingw 依赖库；
  - ✓ Qt5Core.dll ♯Qt 核心库；
  - ✓ Qt5Gui.dll ♯Qt Gui 库；
  - ✓ Qt5Network.dll ♯Qt 网络库；
  - ✓ Qt5Widgets.dll ♯Qt Widgets 库，之前的 GUI 库被分成了 Gui 和 Widgets 两个库。
- Qt 程序依赖的附加核心 DLL（以 Release 版本为例）：
  - ✓ icudt49.dll ♯ICU（International Component for Unicode，Unicode 工具）依赖库；
  - ✓ icuin49.dll ♯ICU 依赖库；
  - ✓ icuuc49.dll ♯ICU 依赖库；
  - ✓ libEGL.dll ♯EGL 依赖库，为 OpenGL 提供接口；
  - ✓ libGLESv2.dll ♯EGL 依赖库，为 OpenGL ES 提供接口。
- Qt 平台相关库（以 Windows 平台为例）：
  - ✓ platforms/qminimal.dll；
  - ✓ platforms/qwindows.dll ♯平台相关 dll；
  - ✓ platforms/qoffscreen.dll。

注意　为什么要加上"platforms/"呢？因为这 3 个 DLL 需要单独放在 platforms 中，然后再和上面那些 DLL 放在一起。

- 应用相关库：
  - ✓ qico.dll；
  - ✓ qjpeg.dll。

注意　如果应用程序使用了图标或 JPEG 图片，则需要将相应的 DLL 复制出来。虽然 Qt 支持 GIF 等格式图片，并配有相应的 DLL，但根据笔者的经验，有时在某些机器上并不好用。笔者建议用 Qt 处理的图片都采用 JPEG 格式，并都配上 qjpeg.dll，这样兼容性会好一些。

- MSVC 兼容库：
  - ✓ msvcp100.dll；
  - ✓ msvcr100.dll。

注意　这 2 个库兼容 MSVC 10.0 版本程序，如果在 Qt 程序中曾使用 Windows 的 API 等，则需要它们。尤其在 Windows XP 等一些旧操作系统中，这两个文件必须有。

- Windows XP 兼容性库：

- ✓ libeay32.dll；
- ✓ ssleay32.dll。

注意　同样在一些旧操作系统中，如 Windows XP，有时程序运行会出现"QMutex：destroying locked mutex"错误。这个错误出现的原因并不是程序使用了 mutex，因为笔者曾仔细检查过应用程序，并把日志中的 mutex 注释掉，但有时在 Windows XP 上仍会出现这个问题。后来通过查找资料，将上述 2 个 DLL 复制到安装目录中，问题就解决了。这可能源自 Qt 的 bug，但如果读者碰到类似问题，那么可以尝试使用这个方法来解决。

- 硬件设备支撑库：
  - ✓ sdtapi.dll ♯公安部标准身份证设备库；
  - ✓ WltRS.dll ♯公安部标准身份证设备库；
  - ✓ USBRead.dll ♯USB SIM 卡设备库。
  - ✓ 其他。

注意　需要将应用程序使用的硬件设备找出来，与上面的库放在一起。

上面列出的 DLL 都应与 EXE 文件放在同一个目录中，当然，Qt 平台的相关库要放在该目录的子目录 platforms 中，否则会出错。一个完整的 DLL 文件示例图如图 7.1 所示。

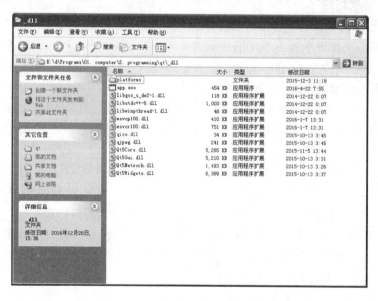

图 7.1　一个完整的 DLL 文件示例图

准备好应用程序 EXE 文件和依赖的 DLL 后就提交给打包程序，形成独立可安装的程序包。这种安装包经常见到，这回是要自己动手做一个。

7.2　打包程序

Qt 编译生成的 EXE 文件连同相关 DLL 是一个完整的程序，程序员将其复制到任何计算机中都可以正常运行，但与程序安装界面、程序菜单、快捷菜单、环境检查、操作注册表等专业安装程序的功能还相距甚远。这些功能需要专业的打包发布程序，而相关书籍对此讨论并不充分。

　　本书以 Install Shield 和 inno 两种打包工具为例，对应用程序进行打包、发布的流程进行详细地讨论，尤其对打包发布过程中根据系统版本安装相应的身份证驱动程序、安装后重新启动操作系统等高级功能进行 Install script 代码实现，为程序员打包和发布程序提供一站式服务。

7.2.1　Install Shield 打包

7.2.1.1　创建基本的安装包

　　安装 Install Shield 后，创建一个新的工程，这时强烈建议选择 install script msi 类别，它既有可视化界面可以简化操作，又可以编辑脚本实现比较灵活的功能。其他选项要么没有界面，只能用脚本来完成安装包；要么只有界面，不能修改脚本，所以不推荐。

　　创建工程后，可视化界面会引导用户一步步地完成打包的细节，如界面图标、注册表、快捷菜单等，还可以为用户提供的 EXE 程序、DLL 代码、配置文件等分别指定不同的安装目录。这些配置简单且易于操作。最后，编译会生成一个独立的 EXE 文件，双击该 EXE 文件即可执行安装程序。

7.2.1.2　卸载功能

　　卸载功能是 Install Shield 自带的功能，用户可以直接使用这个功能。但要说明一点，Install Shield 的卸载功能要向目标系统的注册表写入一些数据，并向 Windows 系统的某些目录写入一些文件，这些操作由 Install Shield 自动完成，用户无法干预。一般来说这样做没有问题，但在卸载程序或升级程序时常会出现问题。

　　Install Shield 的卸载功能比较脆弱，因为要调试安装程序，所以需要反复多次安装卸载程序。笔者曾遇到过经多次安装卸载后，重新启动系统时注册表信息出现异常，程序再也无法卸载的情况。

　　Install Shield 的升级功能也比较麻烦。一般程序自己都有版本信息，升级时可由应用程序确定是否升级。Install Shield 也提供了版本对比功能，但执行安装包时总遇到 Install Shield 版本先对比的情况，即使用户不需要该功能也没有办法避开，只能使用。

　　但是，Install Shield 的版本功能有时也会失效。如前所述，Install Shield 把各种信息写入注册表，多次安装卸载后注册表易乱，那么安装、卸载和升级程序就变成了灾难。

7.2.1.3　安装第三方包与安装后重启

　　有时为丰富系统的功能，安装程序包时需要安装第三方软件包。此时，应首先判断当前系统的版本，然后安装相应版本的第三方包，最后在安装后完成重启功能。这些功能均可以通过修改 Install Shield 脚本实现。

　　选择 InstallationDesigner ->Behavior and logic ->Installscript 菜单项，可进入脚本编辑区域。在脚本编辑区域中，修改 OnFirstUIAfter()函数（这是安装界面出现后执行的函数），修改代码如下：

```
function OnFirstUIAfter()
    STRING szTitle, szMsg1, szMsg2, szOpt1, szOpt2;
    NUMBER bOpt1, bOpt2;
    STRING szExe, szCmdLine;
```

```
        STRING svResult;
        STRING svMsiexec, svParam, svMsiPackage;
begin
        szCmdLine = "";

        if (SYSINFO.bIsWow64) then                    //如果为 64 位操作系统
            svMsiexec = WINSYSDIR ^ "msiexec.exe";
            //svMsiexec = "msiexec.exe";
            svMsiPackage = INSTALLDIR^"drivers\\USBDrv - x64.msi";
            LongPathToQuote ( svMsiPackage, TRUE );
            svParam = "/i" + svMsiPackage;             // 加上"" /q";"则无界面
            LaunchAppAndWait(svMsiexec, svParam, WAIT);
            //MessageBox(svMsiexec, WARNING);
        endif;
        if (!SYSINFO.bIsWow64) then                    //如果为 32 位操作系统
            //MessageBox("32 位操作系统",WARNING);
            LaunchAppAndWait(INSTALLDIR^"dirvers\\USB.exe", szCmdLine, WAIT);
            //svMsiPackage = SUPPORTDIR ^ "USBDrv - x86.msi";
        endif;

        Disable(STATUSEX);
        bOpt1 = FALSE;
        bOpt2 = FALSE;
        if ( BATCH_INSTALL ) then
            SdFinishReboot ( szTitle , szMsg1 , SYS_BOOTMACHINE , szMsg2 , 0 );
        else
            SdFinish ( szTitle , szMsg1 , szMsg2 , szOpt1 , szOpt2 , bOpt1 , bOpt2 );
        endif;
end;
```

代码中 begin 之前的信息是原有信息,标识了标题信息等,不需要修改,也不要删除。

判断当前系统位数的函数是 Install Shield 自带的功能函数,if（SYSINFO. bIsWow64）给出判断结果。如果是 64 位系统,则需要安装 64 位包——USBDrv3.0 - x64. msi。安装这个包的标准命令是"系统目录下的 msiexec. exe/i 安装目录下/drivers/USBDrv3.0 - x64. msi/q",这个命令可以在 Windows 下执行,但要在 Install Shield 中执行则需要一些转换。首先,用"svMsiexec＝WINSYSDIR ^ "msiexec. exe""找到执行文件,"^"号是 Install Shield 的字符串连接工具;接下来是目标安装包,"svMsiPackage＝INSTALLDIR^"drivers\\ USBDrv - x64. msi"",INSTALLDIR 是 Install Shield 自带的宏,用于标识目标安装目录,要在目标安装目录的 driver 子目录下找到这个 USB 安装包。

LongPathToQuote()函数处理的是某些目录过长的问题,尤其是 Windows 目录中带空格时必须使用这个函数再次处理,否则将找不到指定文件。

使用 LaunchAppAndWait(svMsiexec, svParam, WAIT)函数启动 msiexec. exe,它执行的参数就是安装包,从而第三方程序包安装程序被启动。

SdFinishReboot()实现的功能是安装后重新启动。这个功能无法在界面上完成,只能在脚本文件中完成。

Install Shield 功能比较复杂,如果学得好,那么 Install Shield 确实是打包神器,功能非常强大。但大多数情况下,程序员被程序设计牵扯了太多精力,一般没有足够时间和精力去系统深入地学习 Install Shield,所以 Install Shield 新手想要做出好的安装包难度非常大。

7.2.2　inno 打包

笔者推荐使用 inno 对应用程序进行打包:一方面它是免费的软件包;另一方面 inno 确实短小精干,功能非常强大,尤其是对初学者来说,不需要花费大力气,就能实现常见的所有功能。

下面以图 7.1 中的软件为基础,开始制作打包程序。

7.2.2.1　基本功能

安装 inno 后,选择“新建”,会出现“Inno Setup 脚本向导”对话框,修改相关信息后的结果如图 7.2 所示。

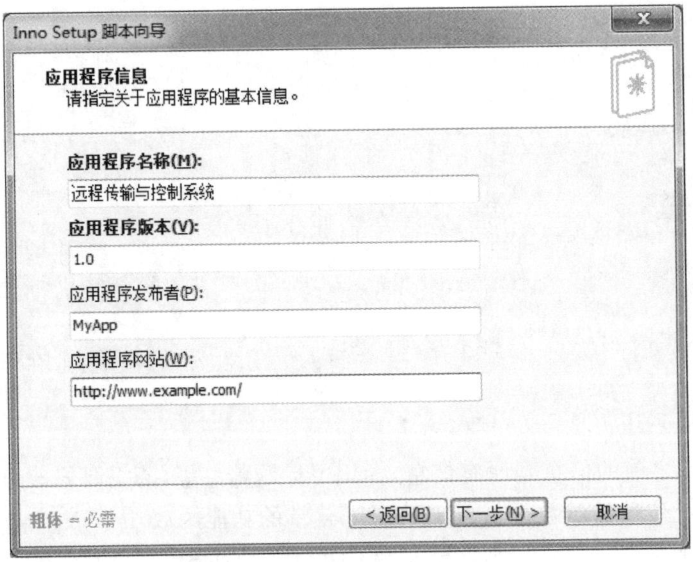

图 7.2　inno 安装包制作向导(1)

单击“下一步”按钮,确定应用程序主执行文件“app. exe”,然后单击“添加文件夹”按钮,将整个目录(连带子目录 platforms)全部包括进来。当然,读者也可以添加文件,单独选择要打入安装包的文件。操作结果如图 7.3 所示。

单击“下一步”按钮,然后设置应用程序快捷方式,使用默认状态即可,即创建主菜单快捷方式,允许用户创建桌面快捷菜单方式。结果如图 7.4 所示。

单击“下一步”按钮,然后进行编译设置。许可文件并不常用,安装前后显示的文档是提示信息,类似版本说明,用户可以自主添加设置。接下来是语言设置,一般选择简体中文。设置编译结束后,安装包放在哪里,安装包文件名是什么,用户可以根据自己的需求设定,结果如图 7.5 所示。“安装密码”可以根据用户的需求自行设置。

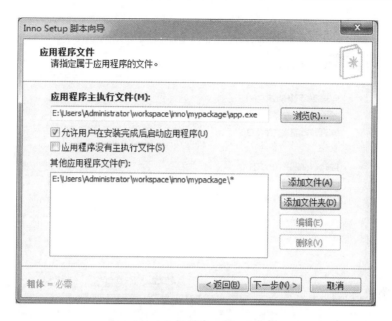

图 7.3　inno 安装包制作向导(2)

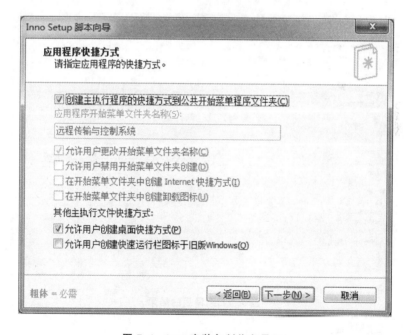

图 7.4　inno 安装包制作向导(3)

　　其他的均用默认设置。单击"完成"按钮时,会提示用户保存 inno 脚本,然后立即编译脚本。编译后出现一个 setup.exe 安装包,如图 7.6 所示。

　　双击该 setup.exe 文件,打开安装界面,允许用户选择安装地点,安装后可以选择直接运行远程传输与控制系统。要卸载应用程序则需要在控制面板的添加/删除程序中选择"远程传输与控制系统",然后进行卸载。整个过程非常简单,用户可自行完成。相关代码和文件参考本书配套资料"sources\chapter07\inno01"。

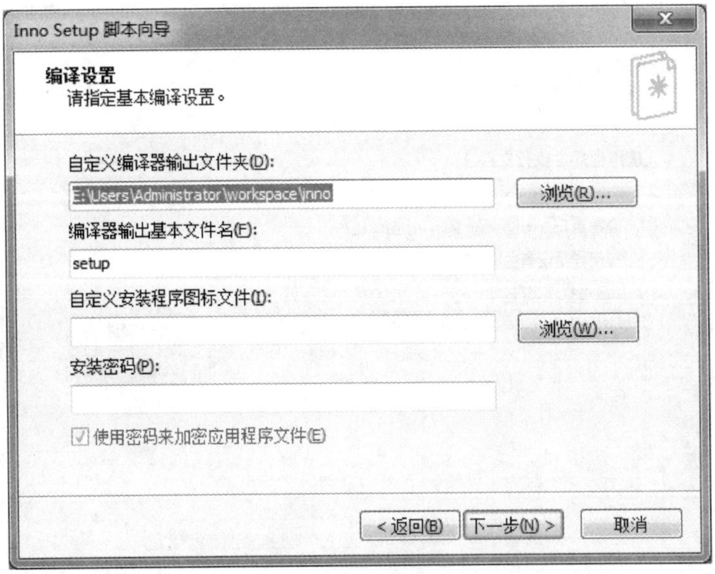

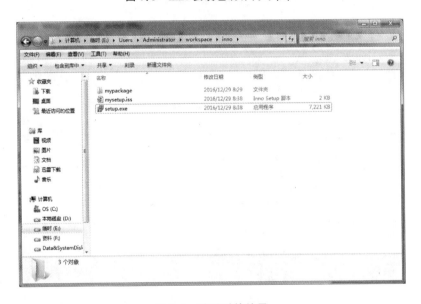

图 7.5　inno 安装包制作向导(4)

图 7.6　编译后的结果

7.2.2.2　高级功能

读者可以编辑脚本文件增加高级功能,也可以在脚本上直接修改某些设定的属性。上述安装包的脚本代码如下:

```
;脚本由 Inno Setup 脚本向导生成
;有关创建 Inno Setup 脚本文件的详细资料请查阅帮助文档

#define MyAppName "远程传输与控制系统"
#define MyAppVersion "1.0"
```

```
#define MyAppPublisher "MyApp"
#define MyAppURL "http://www.example.com/"
#define MyAppExeName "app.exe"


[Setup]
;注：AppId 的值为单独标识该应用程序
;不要为其他安装程序使用相同的 AppId 值
;（生成新的 GUID）
AppId = {{95B98AA4 - D694 - 429A - 9450 - ACEAF2EFDF5A}
AppName = {#MyAppName}
AppVersion = {#MyAppVersion}
;AppVerName = {#MyAppName} {#MyAppVersion}
AppPublisher = {#MyAppPublisher}
AppPublisherURL = {#MyAppURL}
AppSupportURL = {#MyAppURL}
AppUpdatesURL = {#MyAppURL}
DefaultDirName = {pf}\{#MyAppName}
DisableProgramGroupPage = yes
OutputDir = E:\Users\Administrator\workspace\inno
OutputBaseFilename = setup
Compression = lzma
SolidCompression = yes


[Languages]
Name: "chinesesimp"; MessagesFile: "compiler:Default.isl"


[Tasks]
Name: "desktopicon"; Description: "{cm:CreateDesktopIcon}"; GroupDescription: "{cm:Additional-
Icons}"; Flags: unchecked; OnlyBelowVersion: 0,6.1


[Files]
Source: "E:\Users\Administrator\workspace\inno\mypackage\app.exe"; DestDir: "{app}";
Flags: ignoreversion
Source: "E:\Users\Administrator\workspace\inno\mypackage\*"; DestDir: "{app}"; Flags: ignore-
version recursesubdirs createallsubdirs
;注意：不要在任何共享系统文件上使用"Flags: ignoreversion"


[Icons]
Name: "{commonprograms}\{#MyAppName}"; Filename: "{app}\{#MyAppExeName}"
Name: "{commondesktop}\{#MyAppName}"; Filename: "{app}\{#MyAppExeName}"; Tasks: desktopicon


[Run]
Filename: "{app}\{#MyAppExeName}"; Description: "{cm:LaunchProgram,{#StringChange(MyApp-
Name, '&', '&&')}}"; Flags: nowait postinstall skipifsilent
```

通过修改脚本增加一些高级功能,这些功能包括:

(1) 程序名称与版本号等

直接修改♯define 部分,修改安装包应用程序等属性。将"♯define MyAppVersion "1.0""中的"1.0"改为"2.0",表示新版本安装包。

[Setup]区域与安装设置相关,AppId 等由系统自动分配,一般不建议修改。inno 通过这个 ID 值判断是否为同一安装程序。

(2) 固定程序安装目录,不允许用户修改

DefaultDirName 是目标安装目录,之前使用了默认的安装目录,现在将其修改为 Default-DirName＝d:\myapp,让程序指定安装到 d:\myapp 目录。在这条语句后再加一条语句"DisableDirPage＝yes",将不显示设置页面的页,这样安装程序时不允许用户选择程序安装的目录,程序只能安装到 d:\myapp 目录中。

(3) 对运行安装包的机器加以限制

在[Setup]区域中加上"ArchitecturesAllowed＝x86 x64"和"ArchitecturesInstall-In64BitMode＝x64"两条语句,则只允许在 x86 和 x64 位机器上安装本应用程序。

(4) 设置图标

安装程序图标设置为"SetupIconFile＝E:\Users\Administrator\ workspace\inno\icons\logo.ico",卸载图标要跟着安装程序写到 d:\myapp 目录中,因为卸载时要从中读出图标"UninstallDisplayIcon＝d:\myapp\icons\logo.ico"。

(5) 修改快捷菜单,加上菜单目录

目前我们的安装程序快捷菜单直接显示在 Windows 系统菜单中,现在为它添加一个目录。先在[Setup]区域加上"DefaultGroupName＝{♯MyAppName}",表示默认菜单目录名为"远程传输与控制系统";修改 DisableProgramGroupPage＝no,它为启动快捷菜单目录修改模式,允许用户修改快捷菜单目录名。关键的是修改[Icons]区域,将其修改为"Name:"{group}\{♯MyAppName}"; Filename:"{app}\{♯MyAppExeName}"",表示将应用程序 EXE 的快捷菜单放在{group}目录下,这个{group}就是默认的目录名 DefaultGroupName＝{♯MyAppName}。注意,之前 EXE 程序的快捷菜单放在{commonprograms}\{♯MyAppName},表示直接放在 Windows 系统的菜单中。

(6) 增加程序卸载功能

目前安装程序还没有卸载功能,现在把它加上。在[Icons]区域中加上"Name:"{group}\{cm:UninstallProgram,{♯MyAppName}}"; Filename:"{uninstallexe}"; IconFilename:"{app}\icons\logo.ico""。这里面要指定的卸载程序文件本身由 inno 系统自动指定,而我们只需要指定图标文件。

(7) 指定要安装(复制)的文件及目的地

[Files]区域用于指定要安装(复制)的文件。""E:\Users\Administrator\workspace\inno\ mypackage\ * ""指定了这个目录下所有的文件,ignoreversion、recursesubdirs、createallsubdirs 三个参数分别说明安装文件不考虑版本号,递归复制子目录和在目标机器上创建相应的子目录。如果需要将某些文件安装到不同的位置,则需要在这里加上一行记录。

(8) 安装程序后提示重新启动操作系统

实现这个功能非常简单,在[Setup]区域中加上"AlwaysRestart＝yes"。程序安装结束后

会提示是否重新启动系统,用户可选择是或否来完成功能。

(9) 安装过程中判断操作系统位数是 64 位还是 32 位

"Check：Is64BitInstallMode"和"Check：not Is64BitInstallMode"两条语句分别判断是 64 位还是非 64 位。这两条语句可以灵活地嵌入需要判断的任何程序代码中。

(10) 安装第三方驱动(根据位数安装不同版本的第三方驱动)

在[Run]段中加入"Filename："{app}\drivers\USB32.exe"；Description："安装驱动 32 位"；Check：not Is64BitInstallMode；Flags：nowait postinstall"和"Filename："{app}\drivers\USB64.msi"；Description："安装驱动 64 位"；Check：Is64BitInstallMode；Flags：nowait postinstall"。

程序安装完成后会根据当前系统位数,分别提示是否安装 32 位或 64 位的第三方驱动。需要注意的是,这些第三方驱动被安装程序统一打包后,安装到了目标文件夹的 drivers 子目录中,如{app}\drivers\USB32.exe。需要根据上面学到的知识将它们设置好。结果如图 7.7 所示。

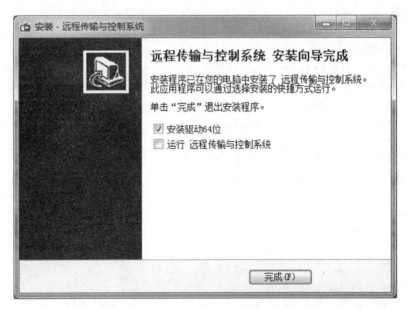

图 7.7　根据操作系统位数安装相应版本的第三方驱动

inno 还支持脚本函数,这需要在脚本中增加[Code]段。相关内容请参阅 inno 文档。

修改后的 inno 脚本代码如下：

```
;脚本由 Inno Setup 脚本向导生成!
;有关创建 Inno Setup 脚本文件的详细资料请查阅帮助文档

#define MyAppName "远程传输与控制系统"
#define MyAppVersion "2.0"
#define MyAppPublisher "MyApp"
#define MyAppURL "http://www.example.com/"
#define MyAppExeName "app.exe"
```

```
[Setup]
;注：AppId 的值为单独标识该应用程序
;不要为其他安装程序使用相同的 AppId 值
;（生成新的 GUID）
AppId={{95B98AA4-D694-429A-9450-ACEAF2EFDF5A}
AppName={#MyAppName}
AppVersion={#MyAppVersion}
;AppVerName={#MyAppName} {#MyAppVersion}
AppPublisher={#MyAppPublisher}
AppPublisherURL={#MyAppURL}
AppSupportURL={#MyAppURL}
AppUpdatesURL={#MyAppURL}
DefaultGroupName={#MyAppName}
DefaultDirName=d:\myapp
DisableDirPage=yes
ArchitecturesAllowed=x86 x64
ArchitecturesInstallIn64BitMode=x64
DisableProgramGroupPage=no
OutputDir=E:\Users\Administrator\workspace\inno
OutputBaseFilename=setup
Compression=lzma
SolidCompression=yes
SetupIconFile=E:\Users\Administrator\workspace\inno\icons\logo.ico
UninstallDisplayIcon=d:\myapp\icons\logo.ico

;AlwaysRestart=yes


[Languages]
Name: "chinesesimp"; MessagesFile: "compiler:Default.isl"


[Tasks]
Name: "desktopicon"; Description: "{cm:CreateDesktopIcon}"; GroupDescription: "{cm:Additional-
Icons}"; Flags: unchecked; OnlyBelowVersion: 0,6.1


[Files]
Source: "E:\Users\Administrator\workspace\inno\mypackage\app.exe"; DestDir: "{app}";
Flags: ignoreversion
Source: "E:\Users\Administrator\workspace\inno\mypackage\*"; DestDir: "{app}"; Flags: ignore-
version recursesubdirs createallsubdirs
;注意：不要在任何共享系统文件上使用"Flags: ignoreversion"


[Icons]
Name: "{group}\{#MyAppName}"; Filename: "{app}\{#MyAppExeName}"
```

```
    Name: "{commondesktop}\{#MyAppName}"; Filename: "{app}\{#MyAppExeName}"; Tasks: desktopicon
    Name: "{group}\{cm:UninstallProgram,{#MyAppName}}"; Filename: "{uninstallexe}"; Icon-
Filename:"{app}\icons\logo.ico"


[Run]
    Filename: "{app}\drivers\USB32.exe"; Description:" 安 装 驱 动 32 位 "; Check: not
Is64BitInstallMode ;Flags: nowait postinstall
    Filename: "{app}\drivers\USB64.msi";Description:"安装驱动 64 位"; Check: Is64BitInstallMode ;
Flags: nowait postinstall
    Filename: "{app}\{#MyAppExeName}"; Description: "{cm:LaunchProgram,{#StringChange(MyApp-
Name, '&', '&&')}}"; Flags: nowait postinstall skipifsilent
```

相关代码与程序请参见本书配套资料"sources\chapter07\inno02"。

参考文献

[1] 蒋遂平. VC 中 PC/SC 智能卡接口的编程[EB/OL]. (2010-12-10)[2016-12-01]. http:// wenku. baidu. com/link? url = yaKYWhen4lWiMwzZOO5AJA4t0HSXWqJTgjuuj4W8- ouKFaOOOhA0TaEJfpZLv9UZU8hchKXBvbBkZuqZurn3R9QndjR0lnGt7hf-Md1K7iim.

[2] EARTHPOPOLOVER. APDU 指令集合[EB/OL]. (2013-11-28)[2016-12-01]. http:// wenku. baidu. com/link? url = eYS2Bh8Q9lLrUHnn6 _ 91nK9qW98l1u9FX34Au5GeG- flzV8I0RTxtOwaK8wexmDfwfjL4P1N8YNVRNAeWTNc9iSAGRmEj8sjj4hssZYmsDy3.

[3] FORRESTNO1. 手机开发实战 32——SIM 卡文件系统介绍[EB/OL]. (2012-03-06) [2016-12-01]. http://www. 360doc. com/content/12/0306/15/7299856 _ 192224198. shtml.

[4] 天涯深蓝. GSM 11. 11 中文版[EB/OL]. (2013-04-25)[2016-12-01]. http://wenku. baidu. com/link? url = N2Zv2Gbm-PgGppZdZCUOFv _ dyQIlAxbLrFBPMLLyNHy89- Wj7qcS4fawjQXzu0uEKrtdZvmCIx9hX3a2bF5yclXMFLsRByDKKduDvyE1hZ5u.

[5] NEW_XIAO_NEW. GSM 11. 14[EB/OL]. (2011-02-10)[2016-12-01]. http://wenku. baidu. com/link? url = bVCBtgctP4SEidS1Tm8zMV9zzzLfIB27lg67n7UrmU-xFfhE7l8- NZi0Sv5PM6r6Dgb-AbS-UlmXP3qwXKVslmPwoELqxVE02nUUqG_ihzvO.

[6] CHNNBACHQ. ISO 7816(传输协议)[EB/OL]. (2013-03-21)[2016-12-01]. http:// wenku. baidu. com/link? url = ACrZWJQoZp2vpJZ9SNpbqLIvtkoZtW88uxYZ_i5Abat1- PLXFEYnCm99NQs968YS-R8BsJsblIkdNhPXKDzPXh1hX7j_rBwQS97OptU4bSfy&qq- pf-to=pcqq. c2c.

[7] 晓辉. Qt on Android 核心编程[M]. 北京:电子工业出版社,2015.

[8] 霍亚飞,程梁. Qt 5 编程入门[M]. 北京:北京航空航天大学出版社,2015.